NATURKUNDEN

启
蛰

讲述自然的故事

蜗 牛

[德]弗洛里安·维尔纳 著

薛婧 译

北京出版集团
北京出版社

今天我们为什么还需要博物学？

李雪涛

一

在德文中，Naturkunde的一个含义是英文的natural history，是指对动植物、矿物、天体等的研究，也就是所谓的博物学。博物学是18、19世纪的一个概念，是有关自然科学不同知识领域的一个整体表述，它包括对今天我们称之为生物学、矿物学、古生物学、生态学以及部分考古学、地质学与岩石学、天文学、物理学和气象学的研究。这些知识领域的研究人员被称为博物学家。1728年英国百科全书的编纂者钱伯斯（Ephraim Chambers, 1680 — 1740）在《百科全书，或艺术与科学通用辞典》（*Cyclopaedia, or an Universal Dictionary of Arts and Sciences*）一书中附有"博物学表"（Tab. Natural History），这在当时是非常典型的博物学内容。尽管从普遍意义上来讲，有关自然的研究早在古代和中世纪就已经存在了，但真正的

"博物学"却是在近代出现的,只是从事这方面研究的人仅仅出于兴趣爱好而已,并非将之看作一种职业。德国文学家歌德(Johann Wolfgang von Goethe, 1749—1832)就曾是一位博物学家,他用经验主义的方法,研究过地质学和植物学。在18世纪至19世纪之前,自然史(historia naturalis)[1]——博物学的另外一种说法——一词是相对于政治史和教会史而言的,用以表示所有科学研究。传统上,自然史主要以描述性为主,而自然哲学则更具解释性。

近代以来的博物学之所以能作为一个研究领域存在的原因在于,著名思想史学者洛夫乔伊(Arthur Schauffler Oncken Lovejoy, 1873—1962)认为世间存在一个所谓的"众生链"(the Great Chain of Being):神创造了尽可能多的不同事物,它们形成一个连续的序列,特别是在形态学方面,因此人们可以在所有这些不同的生物之间找到它们之间的联系。柏林自由大学的社会学教授勒佩尼斯(Wolf Lepenies, 1941—)认

---

[1] 不论在古代,还是中世纪,拉丁文中的"historia"既包含着中文的"史",也有"志"的含义,而在"historia naturalis"中主要强调的是对自然的观察和分类。近代以来,特别是18世纪至19世纪,"historia naturalis"成为德文的"Naturgeschichte",而"自然志"脱离了史学,从而形成了具有历史特征的"自然史"。

为，"博物学并不拥有迎合潮流的发展观念"。德文的"发展"（Entwicklung）一词，是从拉丁文的"evolvere"而来的，它的字面意思是指已经存在的结构的继续发展，或者实现预定的各种可能性，但绝对不是近代达尔文生物进化论意义上的新物种的突然出现。18世纪末到19世纪，在欧洲开始出现自然博物馆，其中最早的是1793年在巴黎建立的国家自然博物馆（Muséum national d'histoire naturelle）；在德国，普鲁士于1810年创建柏林大学之时，也开始筹备自然博物馆（Museum für Naturkunde）了；伦敦的自然博物馆（Natural History Museum）建于1860年；维也纳的自然博物馆（Naturhistorisches Museum）建于1865年。这些博物馆除了为大学的研究人员提供当时和历史的标本之外，也开始向一般的公众开放，以增进人们对博物学知识的了解。

德国历史学家科泽勒克（Reinhart Koselleck, 1923 — 2006）曾在他著名的《历史基本概念 —— 德国政治和社会语言历史辞典》一书中，从德语的学术语境出发，对德文的"历史"（Geschichte）一词进行了历史性的梳理，从中我们可以清楚地看出博物学/自然史与历史之间的关联。从历史的角度来看，文艺复兴以后，西方的学者开始使用分类的方式划分和归纳历史的全部知识领域。他们将历史分为神圣史（historia divina）、文明史（historia civilis）和自然史，而所依据的撰述方式是将史学定义为叙事（erzählend）或描写（beschreibend）的艺术。由于受到基督教神学造物主/受造物的二分法的影响，当时具有天主教背景的历史学家习惯将历史分为自然史（包括自然与人的历史）和神圣历史（historia sacra），例如利普修斯（Justus Lipsius, 1547—1606）就将描述性的自然志（historia naturalis）与叙述史（historia narrativa）对立起来，并将后者分为神圣历史和人的历史（historia humana）。科泽勒克认为，随着大航海时代的开始，西方对海外殖民地的掠夺和新大陆以及新民族的发现使时间开始向过去延展。到了17世纪，人们对过去的认识就已不再局限于《圣经》记载的创世时序了。通过莱布尼茨（Gottfried Wilhelm Leibniz, 1646—1716）和康德（Immanuel Kant, 1724—1804）的努力，自然的时间化（Verzeitlichung）着眼于无限的未来，打开了自然有限的过去，也为人们历史地阐释自然做了铺垫。到了18世纪，博物学慢慢脱离了史学学科。科泽勒克认为，赫尔德（Johann Gottfried Herder, 1744—1803）最终完成了从自然志向自然史的转变。

二

尽管在中国早在西晋就有张华（232—300）十卷本的《博物志》印行，但其内容所涉及的多是异境奇物、琐闻杂事、神仙方术、地理知识、人物传说等等，更多的是文学方面的"志怪"题材作品。其后出现的北魏时期郦道元（约470—527）著《水经注》、贾思勰著《齐民要术》（成书于533—544年间），北宋时期沈括（1031—1095）著《梦溪笔谈》等，所记述的内容虽然与西方博物学著作有很多近似的地方，但更倾向于文学上的描述，与近代以后传入中国的"博物学"系统知识不同。其实，真正给中国带来了博物学的科学知识，并且在中国民众中起到了科学启蒙和普及作用的是自19世纪后期开始从西文和日文翻译的博物学书籍。

尽管"博物"一词是汉语古典词，但"博物馆""博物学"等作为"和制汉语"的日本造词却产生于近代，即便是"博物志"一词，其对应上"natural history"也是在近代日本完成的。如果我们检索《日本国语大辞典》的话，就会知道，博物学在当时是动物学、植物学、矿物学以及地质学的总称。据《公议所日志》载，明治二年（1869）开设的科目就有和学、汉学、医学和博物学。而近代以来在中文的语境下最早使用

"博物学"一词是1878年傅兰雅《格致汇编》第二册《江南制造总局翻译系书事略》:"博物学等书六部,计十四本。"将"natural history"翻译成"博物志""博物学",是在颜惠庆(W. W. Yen, 1877 — 1950)于1908年出版的《英华大辞典》中。这部辞典是以当时日本著名的《英和辞典》为蓝本编纂的。据日本关西大学沈国威教授的研究,有关植物学的系统知识,实际上在19世纪中叶已经介绍到中国和使用汉字的日本。沈教授特别研究了《植学启原》(宇田川榕庵著,1834)与《植物学》(韦廉臣、李善兰译,1858)中的植物学用语的形成与交流。也就是说,早在"博物学"在中国、日本被使用之前,有关博物学的专科知识已经开始传播了。

三

这套有关博物学的小丛书系由德国柏林的Matthes & Seitz出版社策划出版的。丛书的内容是传统的博物学,大致相当于今天的动物学、植物学、矿物学,涉及有生命和无生命,对我们来说既熟悉又陌生的自然。这些精美的小册子,以图文并茂的方式,不仅讲述有关动植物的自然知识,并且告诉我们那些曾经对世界充满激情的探索活动。这套丛书中每一本的类型都不尽相同，但都会让读者从中得到可信的知识。其中的插图，既有专门的博物学图像，也有艺术作品（铜版画、油画、照片、文学作品的插图）。不论是动物还是植物，书的内容大致可以分为两个部分：前一部分是对这一动物或植物的文化史描述，后一部分是对分布在世界各地的动植物肖像之描述，可谓是丛书中每一种动植物的文化史百科全书。

　　这套丛书是由德国学者编纂，用德语撰写，并且在德国出版的，因此其中运用了很多"德国资源"：作者会讲述相关的德国故事［在讲到猪的时候，会介绍德文俗语"Schwein haben"（字面意思是：有猪；引申义是：幸运），它是新年祝福语，通常印在贺年卡上］；在插图中也会选择德国的艺术作品［如在讲述荨麻的时候，采用了文艺复兴时期德国著名艺术家丢勒（Albrecht Dürer, 1471 — 1528）的木版画］；除了传统的艺术之外，也有德国摄影家哈特菲尔德（John Heartfield, 1891 — 1968）的作品《来自沼泽的声音：三千多年的持续近亲繁殖证明了我的种族的优越性！》——艺术家运用超现实主义的蟾蜍照片，来讽刺1935年纳粹颁布的《纽伦堡法案》；等等。除了德国文化经典之外，这套丛书的作者们同样也使用了对于欧洲人来讲极为重要的古埃及和古希腊的例子，例如在有关猪的文化史中就选择了古埃及的壁画以及古希腊陶罐上的猪的形象，来阐述在人类历史上，猪的驯化以及与人类的关系。丛书也涉及东亚的艺术史，举例来讲，在《蟾》一书中，作者就提到了日本的葛饰北斋（1760—1849）创作于1800年左右的浮世绘《北斋漫画》，特别指出其中的"河童"（Kappa）也是从蟾蜍演化而来的。

从装帧上来看，丛书每一本的制作都异常精心：从特种纸彩印，到彩线锁边精装，无不透露着出版人之匠心独运。用这样的一种图书文化来展示的博物学知识，可以给读者带来独特而多样的阅读感受。从审美的角度来看，这套书可谓臻于完善，书中的彩印，几乎可以触摸到其中的纹理。中文版的翻译和制作，同样秉持着这样的一种理念，这在翻译图书的制作方面，可谓用心。

四

自20世纪后半叶以来，中国的教育其实比较缺少博物学的内容，这也在一定程度上造成了几代人与人类的环境以及动物之间的疏离。博物学的知识可以增加我们对于环境以及生物多样性的关注。

我们这一代人所处的时代，决定了我们对动植物的认识，以及与它们的关系。其实一直到今天，如果我们翻开最新版的《现代汉语词典》，在"猪"的词条下，还可以看到一种实用主义的表述："哺乳动物，头大，鼻子和口吻都长，眼睛小，耳朵大，四肢短，身体肥，生长快，适应性强。肉供食用，皮可制革，鬃可制刷子和做其他工业原料。"这是典型的人类中心主义的认知方式。这套丛书的出版，可以修正我们这一代人的动物观，从而让我们看到猪后，不再只是想到"猪的全身都是宝"了。

以前我在做国际汉学研究的时候，知道国际汉学研究者，特别是那些欧美汉学家，他们是作为我们的他者而存在的，因此他们对中国文化的看法就显得格外重要。而动物是我们人类共同的他者，研究人类文化史上的动物观，这不仅仅对某一个民族，而是对全人类都十分重要的。其实人和动植物之间有着更为复杂的关系。从文化史的角度，对动植物进行描述，这就好像是在人和自然之间建起了一座桥梁。

拿动物来讲，它们不仅仅具有与人一样的生物性，同时也是人的一面镜子。动物寓言其实是一种特别重要的具有启示性的文学体裁，常常具有深刻的哲学内涵。古典时期有

《伊索寓言》，近代以来比较著名的作品有《拉封丹寓言》《莱辛寓言》《克雷洛夫寓言》等等。法国哲学家马吉欧里（Robert Maggiori, 1947— ）在他的《哲学家与动物》（*Un animal, un philosophe*）一书中指出："在开始'思考动物'之前，我们其实就和动物（也许除了最具野性的那几种动物之外）有着简单、共同的相处经验，并与它们架构了许许多多不同的关系，从猎食关系到最亲密的伙伴关系。……哲学家只有在他们就动物所发的言论中，才能显现出其动机的'纯粹'。"他进而认为，对于动物行为的研究，可以帮助人类"看到隐藏在人类行径之下以及在他们灵魂深处的一切"。马吉欧里在这本书中，还选取了《庄子的蝴蝶》一则，来说明欧洲以外的哲学家与动物的故事。

五

很遗憾的是，这套丛书的作者，大都对东亚，特别是中国有关动植物丰富的历史了解甚少。其实，中国古代文献包含了极其丰富的有关动植物的内容，对此在德语世界也有很多介绍和研究。19世纪就有德国人对中国博物学知识怀有好奇心，比如，汉学家普拉斯（Johann Heinrich Plath, 1802—

1874）在1869年发表的皇家巴伐利亚科学院论文中，就曾系统地研究了古代中国人的活动，论文的前半部分内容都是关于中国的农业、畜牧业、狩猎和渔业。1935年《通报》上发表了劳费尔（Berthold Laufer, 1874 — 1934）有关黑麦的遗著，这种作物在中国并不常见。有关古代中国的家畜研究，何可思（Eduard Erkes, 1891 — 1958）写有一系列的专题论文，涉及马、鸟、犬、猪、蜂。这些论文所依据的材料主要是先秦的经典，同时又补充以考古发现以及后世的民俗材料，从中考察了动物在祭礼和神话中的用途。著名汉学家霍福民（Alfred Hoffmann, 1911 — 1997）曾编写过一部《中国鸟名词汇表》，对中国古籍中所记载的各种鸟类名称做了科学的分类和翻译。有关中国矿藏的研究，劳费尔的英文名著《钻石》（*Diamond*）依然是这方面最重要的专著。这部著作出版于1915年，此后门琴－黑尔芬（Otto John Maenchen-Helfen, 1894 — 1969）对有关钻石的情况做了补充，他认为也许在《淮南子》第二章中就已经暗示中国人知道了钻石。

　　此外，如果具备中国文化史的知识，可以对很多话题进行更加深入的研究。例如中文里所说的"飞蛾扑火"，在德文中用"Schmetterling"更合适，这既是蝴蝶又是飞蛾，同时象征着灵魂。由于贪恋光明，飞蛾以此焚身，而得到转生。这是歌德的《天福的向往》(*Selige Sehnsucht*)一诗的中心内容。

前一段时间，中国国家博物馆希望收藏德国生物学家和鸟类学家卫格德(Max Hugo Weigold，1886—1973)教授的藏品，他们向我征求意见，我给予了积极的反馈。早在1909年，卫格德就成为德国鸟类学家协会(Deutsche Ornithologen-Gesellschaft)的会员，他被认为是德国自然保护的先驱之一，正是他将自然保护的思想带给了普通的民众。作为动物学家，卫格德单独命名了5个鸟类亚种，与他人合作命名了7个鸟类亚种。另有大约6种鸟类和7种脊椎动物以他的名字命名，举例来讲：分布在吉林市松花江的隆脊异足猛水蚤的拉丁文名字为*Canthocamptus weigoldi*；分布在四川洪雅瓦屋山的魏氏齿蟾的拉丁文名称为*Oreolalax weigoldi*；分布于甘肃、四川等地的褐顶雀鹛四川亚种的拉丁文名为*Schoeniparus brunnea weigoldi*。这些都是卫格德首次发现的，也是中国对世界物种多样性的贡献，在他的日记中有详细的发现过程的记录，弥足珍贵。卫格德1913年来中国进行探险旅行，1914年在映秀(Wassuland，毗邻现卧龙自然保护区)的猎户那里购得"竹熊"(Bambus-bären)的皮，成为第一个在中国看到大熊猫的西方博物学家。

卫格德记录了购买大熊猫皮的经过，以及饲养熊猫幼崽失败的过程，上述内容均附有极为珍贵的照片资料。

东亚地区对丰富博物学的内容方面有巨大的贡献。我期待中国的博物学家，能够将东西方博物学的知识融会贯通，写出真正的全球博物学著作。

2021 年 5 月 16 日
于北京外国语大学全球史研究院

目录

助跑

施耐克山

在阿尔高阿尔卑斯山脉一个安静的角落里，奥伊谷的东端，坐落着施耐克山（Der Schneck）。其他山都尽可能在山谷之上探出头来，比如位于西南方的有锯齿状峰顶，看起来像戴着王冠的赫法茨山（Höfats），还有再往北一点，能让人联想到鹰的霍赫福格山[1]。施耐克山坐在那里，看起来像一只巨大的软体动物，将自己牢牢吸附在它下方的山脉上。它的背部呈拱形，被闪闪发亮的绿草覆盖着。也许，这就是为什么施耐克山是我自打记事以来最喜欢的一座山 —— 它的大小不给人压迫感，而且呈现出一种泰然自若的状态，在一群竞相向上挺拔的高峰中，它就那么坐着、等着。而且，它的形状、姿态和名字都让我想起我最喜欢的动物 —— 蜗牛[2]。

1　山名"Hochvogel"，字面意思是高处的鸟。——译者注

2　山的名字"Schneck"和蜗牛"Schnecke"谐音。——译者注

我们数量众多。插图源自理查德·莱德克（Richard Lydekker）1893 年的《皇家博物志》
（*Royal Natural*），呈现了陆地软体动物的色彩斑斓、形态万千

当然蜗牛（die Schnecke）[1]这个词所指的并不是特定的某一种动物，一般是指腹足纲的所有种类。地球上总共有超过10万种不同的蜗牛，它们分布在除了两极之外的各大洲。它们当中大概四分之三生活在水里，最小的只有半毫米，最大的将近1米。实际上，它们存在于地球上的时间比褶皱山脉还久，也就是说，从5亿年前就开始生活在地球上了，并且以惊人顽强的生命力，经历了数次物种大灭绝，而最终存活了下来。

蜗牛，或至少是它们当中的绝大多数，都像山一样，有矿物质质感，它们的壳是由碳酸钙构成的，就像我们星球上那些如北部卡尔克阿尔卑斯那样的沉积岩。实际上，当我们从远处看一只蜗牛，首先会以为那是一块石头。即便从近处观察，也很难分辨出掌心上这个螺旋状的东西是活着还是死了。蜗牛好像就是属于土地的，它会把卵产在那里，会在那里度过整个冬天。

毫不奇怪，亚里士多德（Aristoteles）认为蜗牛是无性生殖的，认为它们是通过一种原始生殖仪式从"烂泥和腐烂的

---

1 汉语中"蜗牛"仅指腹足纲陆生种类，本书依德文含义指腹足纲的所有种类。下文同。——编者注

死亡来得悄无声息且势不可当。在科内利斯·德·希姆的静物画上蜗牛象征着"短暂性"。
（画于 1661 年之后）

东西里"长出来的。按照最小岛国瑙鲁（Nauru）的创世神话叙述，世界最初是由一只海中巨蚌所造，巨蚌里住着两只蜗牛，其中一只小的被具有神力的蜘蛛（Aerop-Enap）送到了巨蚌的最西端，化作了月亮；大一些的那只被送到了东端，变成了太阳。大地，乃至整个宇宙都是由这三个软体动物的壳幻化而来。

对于大多数西方人来说，蜗牛一般不怎么会给人带来积极的联想 —— 这件事情我是在痛苦的经验里弄明白的。我太太完全不能理解我对这种动物超乎寻常的热情，在我们的女儿身上，虽然我确实可算找到一位盟友，但她毕竟还小，她还同样喜欢泥巴、便便和鼻屎。成年人多半认为蜗牛是讨厌的、有害的 —— 将它们视为害虫，不假思索地将它们踩死、用杀虫剂灭杀，或为了避免它们泛滥成灾而直接用园丁剪把它们剪断。

《旧约》里对蜗牛就有恶评，因它"用腹部爬行"而被视为不能食用的不洁之物（《利未记》11∶42）。在犹太教里，软体动物也因为同样的原因而被视为不符合洁食规定的物种。在中世纪基督教文化中，蜗牛有两样重罪，一方面是因它们乐于繁殖而被视为有淫欲；另一方面因它们用腹足爬行而被视为懒惰。在巴洛克时期，蜗牛作为腐朽的一个象征，几乎出现在每一幅虚空派绘画中。人们分析科内利斯·德·希姆（Cornelis de Heem）的《带有乐器的静物》（*Vanitas-Stillleben mit Musikinstrumenten*）时，会注意到画面上在堆积的水果、蔬菜旁边，有一只小小的带壳蜗牛为了吃这些易逝的美食趴在那里。时至今日，德语中"爬行的东西"和"带有黏液的东西"这种恰当描述软体动物的词在用于描述人的时候，分别是"阿谀逢迎者"和"谄媚者"的意思。

但是，尽管蜗牛激起所有人的厌恶，它们依然会被厨师精心料理，再被食客们愉快地吃掉。尽管它们因备受质疑的繁殖习惯而在基督教传统中被视为有淫欲之罪，却又完全相反地被看作是"不染原罪受孕的"。尽管它们动作慢得出名，却有人专门为它们举办赛跑大赛。此外，尽管蜗牛壳的形状大同小异，但除了它们之外，世界上再没有哪一种动物对人类建筑事业影响如此深远。蜗牛壳下面的奥秘，比我们在生物课上学到的要多得多。让我们来接近这些藏在背后的生命本质，小心地揭开壳口的盖膜，沿着这盘旋崎岖的螺纹前进——当然，一定要慢。我们可不想吓到蜗牛。

第一圈

慢

坐在乌龟背上的蜗牛会说什么呢？——"哇！太快啦！"

这不仅是我所知道的关于蜗牛最好的笑话之一，而且还是最直奔主题的。这不乏一种特殊的魅力，因为蜗牛并不是以速度和节奏著称的，它是慢的标志性动物。

早在古老的四体液病理学说（Säftelehre）中就已将体内的黏液（对蜗牛的生存至关重要，且被大量分泌的物质）看作是冷漠、迟钝性格的成因。中世纪诗人弗赖丹克（Freidank）曾嘲讽地说"谁若需要一个腿快的信使，便不应该找蜗牛送信"。在近代早期的基督教意象中腹足动物总是以懒惰之罪的象征出现，在老彼得·勃鲁盖尔（Pieter Bruegel d.Ä.）的画作《懒惰的寓言》（*Allegorie der Trägheit*）中，3只肥蜗牛围着一个睡在驴背上的老妇人爬行。

在我们世俗化的时代，蜗牛仍被作为行动缓慢、懒散乏味、痴傻愚钝的化身 —— 当我们遇到堵车或超市里大排长龙的情况时，都会听到有人说"这是以蜗牛的速度前进

老彼得·勃鲁盖尔的画作《懒惰的寓言》（1557）

啊"；当我们等待别人用古老的邮寄方式寄来的信时，我们
会戏称这封信为"蜗牛信件"（snailmail）。而且，一有机会
我们就会讲前面提到的那个关于蜗牛和乌龟的笑话，或者讲
"一个德国人和一个奥地利人去抓蜗牛……"

　　必须承认：蜗牛这个"和快不沾边"的名声来得绝非偶
然。这个名声源于它们自身非常典型的，而在动物界极为罕
见的移动方式 —— 在一片黏液上爬行。这些黏液由它们腹
足里的腺体分泌出来，然后被其脚掌前端摊开来，就像贴瓷
砖的人抹水泥一样。由于蜗牛非常容易让人联想到黏糊糊的
东西，以致最早的时候"蜗牛"和"黏液"的概念基本是同

义的 —— 古高地德语中 "snegil" 一词不仅指蜗牛这种动物，还指它们分泌出的黏液。这潮湿黏稠的一层东西使得蜗牛能够连续地在坚硬的甚至带有锋利棱角的地面上前行，却不会伤到它们脆弱的腹足。蜗牛还有个出名的绝活 —— 能够毫发无损地爬过刀刃。

　　"我看见一只蜗牛沿着剃刀的边缘爬行。这是我的梦，我的梦魇。在剃刀边缘一路爬行、跌跌撞撞，却不丧生。" —— 电影《现代启示录》（*Apocalypse Now*）中的库尔茨上校。

　　神奇的是，蜗牛能在不同情况下分泌出不同的黏液 —— 用于爬行的黏液与治疗伤口的黏液不同；用于保护卵的黏液和性爱前分泌的黏液不同。而且，会根据实际需求增强黏着力 —— 有一次，我在观察一只雷默瑞丽蜗牛（Hain-Bänder-Schnecke），它正在试图爬上一个小号光滑的金属表面（至于它是怎么来到这里的，是另一个故事了，此处不赘述），在它滑下来几次之后，突然从它的腹足冒出大量小水泡，这只蜗牛似乎想向那个小号、向我以及向全世界展示这项技能。然后我看到了，这种新的泡沫状黏液确实更黏一些，它毫不费力地一路爬到了吹嘴。

大多数陆地蜗牛[1]通过"波浪式收缩脚掌上的肌肉，而后放松"这样的形式向前移动。从下方观察（让蜗牛在一块玻璃板上爬行），可以看到深色带状图案持续不断地从脚掌后端向头的方向移动。有些种类是向相反的方向收缩肌肉，但奇怪的是竟也能向前移动。还有一些其他的种类，在爬行的时候将腹足两边交替地短暂抬起，并向前放下，这种前进方式按软体动物学家约翰·爱德华·莫顿（John Edward Morton）和查尔斯·莫里斯·扬（Charles Maurice Yonge）的话来说，看起来像"人的两只脚被扎在一个口袋里，蹭着向前走"。

有些种类的蜗牛能够"疾驰"（这也是约翰·爱德华·莫顿和查尔斯·莫里斯·扬所描述的），或者甚至是"跳跃"——生活在海底的翼足目软体动物（Fügelschnecke），当出现紧急情况时，会将后脚钻入海底，并猛弹自己的身体，猛地向前运动，这一跃向前移动的距离是其自身体长的二分之一。

1　西方语言里蜗牛一词包含了水中和陆地上所有的腹足动物，所以会再细分
　　为陆地蜗牛和海蜗牛等。——译者注

按照软体动物的标准来说，它们已经是相对较快的了，可跟鱼、寄居蟹或者其他动物比起来，总归还是比较慢的。当蜗牛想走一段比较远的路程时，它们会借助一些运输工具——有些蜗牛为了远行，把自己附着在水母身上；另一些，像茱莉亚·唐纳森（Julia Donaldson）和阿克塞尔·舍夫勒（Axel Scheffler）的童话《蜗牛与鲸》（*Die Schnecke und der Buckelwal*）所写的，将自己附着在鲸的尾鳍上；还有些会被夹带在鸟的羽毛里；一些体形很小的种类甚至有可能被风吹到空中，在更高、更快、更远的飞行旅程之后降落到另一个地方。

更令人震惊的是，这种缓慢从容的标志性存在偏偏不论在艺术创作还是在所谓的实际生活中，总是一再被置于速度比赛中，而且，至少在一些虚构的内容里，它们最终甚至取得了胜利。在美国侦探小说作家帕特里夏·海史密斯（Patricia Highsmith）的小说《克拉夫林基迷踪》（*Auf der Suche nach Soundso Claverirgi*）里，具有悲剧色彩的主人公埃弗里·克拉夫林基，一个追求名利的软体动物专家，与两只食肉软体动物在南海小岛上进行了一场生死追逐。

这两只蜗牛比人还高，壳高5米，黏滑的身体几乎有10

对减速的渴望？理查德·道尔（Richard Doyle）的童话式蜗牛赛跑（1870）

米长，移动速度只稍微比它们的同类快一点。作者这样描述了克拉夫林基教授遇到的第一只蜗牛 ——"潮湿闪亮的身体，缓慢移动，宛若一条从睡梦中苏醒的巨蛇"。这两只软体魔鬼最终能够战胜人类，当然不是靠它们的速度，而是归功于它们的坚持不懈和张弛有度 —— 当一只蜗牛与克拉夫林基教授对峙时，另外一只则在休息或者吃树叶补充能量。

就像"一只兔子和两只刺猬"的童话里讲的，机灵的兔子在赛跑过程中，最终被耗死了。在海史密斯的小说结尾，两只动物虽慢，但计划周详、行动谨慎，最终获胜了。在经历了两天两夜在小岛上被蜗牛慢悠悠地追逐之后，克拉夫林基教授受了伤且精疲力竭，有那么一瞬间失了神，脚下一滑

绊了个踉跄，随即为他这个失误付出了生命的代价。"他站在齐腰深的水里，当他失去平衡的时候，他的上半身也淹在了水里，当蜗牛压过来的时候，他的头也淹没在了水下。当上千对牙齿嵌入他的后背，他认清了自己的命运 —— 在被淹死的同时被吃掉。"

　　如此恐怖的结局没有发生在动画电影《极速蜗牛》（*Turbo*）里蜗牛的人类对手身上，不过这个人也同样经历了骄兵必败。赛车手盖伊·加涅是世界闻名的F1方程式车手，是西奥的超级偶像。西奥是一只生活在洛杉矶的爱做梦的菜园蜗牛（Gartenschnecke），它最大的梦想就是参加印第安纳的赛车大赛。于是，夜复一夜，西奥坐在电视机前，反复看一段它偶像接受采访的录像，或者爬到附近的高速公路上，兴奋地感受自己的腹足"无止境"的运动。

一天晚上，发生了一件彻底改变并加速了它生活的事——西奥翻进了正在举行赛车比赛的高速公路，掉进了一辆赛车的机械增压发动机里，在那里进行了典型的超级英雄变身。它的DNA在化学物质的作用下发生了惊人的变异，第二天早上，它发现自己变成了一只"赛车蜗牛"。它给自己取了个新名字叫特博（Turbo）。讽刺的是，Turbo不仅是涡轮增压器Turbolader的缩写，还是蝶螺科（Turbanschnecken）下面的一个种类。特博在短时间内成为了赛车大赛的新星，最终甚至成了全国最受欢迎的蜗牛赛车选手。它果真参加了印第安纳波利斯的500赛车大赛（Indy 500），在决赛中与盖伊·加涅和其他人类选手对决，并且在那些人的赛车相撞之后戏剧性地获得了冠军。

虽然特博在比赛进行到最激烈时突然失去了超能力，但它凭借着自己天生的蜗牛速度，坚持不懈，最终超过了试图将撞坏的赛车推过终点线的加涅。自然战胜了科技，腹足战胜了橡胶轮胎，软体动物战胜了人类。

赛场的一天

参加英国蜗牛赛跑大赛

即便这只菜园蜗牛的胜利如此不真实，即便整个故事阐述的道理给人感觉如此的"好莱坞"——"只要坚持相信梦想，梦想终有一天会实现"，这部电影却有现实的核心内容。现实生活中确实有蜗牛赛跑大赛，最著名的应该是一年一度在英国东南部康海姆（Congham）镇举行的世界蜗牛赛跑锦标赛，赛事的组织者希拉里·斯卡斯（Hilary Scase）使用了这样一句话来推荐这个比赛，称"它对蜗牛赛跑运动的重要性，如同纽马克特（Newmaket）之于赛马比赛"。在距此不远的纽马克特，自12世纪就已开始举办赛马比赛，在康海姆镇，蜗牛比赛的传统至少可以追溯到20世纪70年代。2014年夏天，我踏上了去往那里的旅程。确切来说，不是我一个人，陪伴我的是一只小小的、黄色的雷默瑞丽蜗牛，是从我女儿的小花园里捉来的。它将为了我，为了柏林，为了整个德国，参加世界蜗牛赛跑锦标赛。

我为参赛做的最重要的准备就是，给这只蜗牛想出了

在康海姆世界蜗牛赛跑锦标赛中参赛较多的勃艮第蜗牛（Weinbergschnecke，学名：*Helix pomatia*）和雷默瑞丽蜗牛

一个尽可能让人望而生畏的、掷地有声的名字，这个名字应该让它的对手在比赛开始之前就清楚它们在和谁对决。毕竟，作为一个多年长跑爱好者，我明白一点，这种比赛首先要在脑子里做好胜算。舒马赫[1]自从经历了不幸的滑雪事故之后，就不再做F1车手了。维特尔[2]也不怎么成功，他给自己的战车取的都是些愚蠢的女性化的名字，比如：Hungry Heidi[3]、Kinky Kylie[4]、Randy Mandy，就凭这些名字维特尔就没资格做"取名教父"。有一小段时间，我打算仿照我年少时崇拜的田径运动员的名字来给这只蜗牛取名，比如叫"兴森"[5]。但最终，我决定叫它"内莱德"（Nereide）。内莱德大家必须知道，是20世纪最成绩卓著的赛马之一。只可惜，它的事业和国家社会主义时代一起崩塌了，可对此，这匹可怜的马是无能为力的。这匹纯种良驹在1936年的德国国家德比中打破纪录获胜，它创造的纪录在将近70年后才被打破，我的内莱德应该会是它合格的后继者。

---

1 德文 Schumacher 是"鞋匠"的意思。——译者注

2 德文 Vettel 是"丑陋的老太婆"的意思。——译者注

3 Heidi 一词在德文中有"丢光了"的意思。——译者注

4 Kinky 与表示扭曲纠结之意的 kink 谐音。——译者注

5 Hingsen：德国运动员，洛杉矶奥运会男子十项全能银牌得主。——译者注

然而在大赛之前，带蜗牛登机成了问题，官方说辞和我提前做功课时调研的结果一样 —— 带"无脊椎动物"进英国，虽然原则上是允许的，但由于"是侵害食物的害虫"，又是被禁止的。因为我不想和人争辩"把我的蜗牛当成价值连城的宠物还是当作害虫处理"这个问题，我决定保险起见，在过海关和安检的时候小心地把它偷偷带过去。最简单的解决方案是把内莱德卷在T恤和袜子之间塞进行李箱，但我放弃了这个办法，因为不想让它在过行李安检时受到射线辐射（虽然有那么一时半刻，我也曾幻想了一下，它能像电影里的特博那样受到辐射后变成一只高速蜗牛）。前面提到的帕特里夏·海史密斯曾经说，她向来旅行都带着她的蜗牛，多数情况下她把蜗牛放在手包里带在身边，当她像我现在这样要飞往国外时，她把蜗牛藏在文胸里，可惜这个办法对我来说不可行啊。不过我有个近似的选择，就是把它暂时藏在内裤里，这个办法似乎也不实际……当肌肉发达充满黏液的腹足在那里爬来爬去的时候，谁知道我会产生什么邪念？

最后，我效仿了埃德加·艾伦·坡（Edgar Allan Poe）的小说《被盗的信》（*Der entwendete Brief*）里小偷的策略，那个小偷是将偷来的赃物就放在家里的明面上，就好像那东西

法国航海家迪蒙·迪尔维尔（Dumont d'Urville）1826—1829 年在南太平洋探险时发现的壳的螺旋方式很特别的蜗牛

本就该在那里。在坐飞机的过程中，除了证件和登机牌还随身携带一只活蜗牛，我把内莱德就那样揣在裤子口袋里。确实，这个计划奏效了。我过安检时肾上腺激素分泌过多，仿佛藏在身上的不是一只蜗牛而是一磅可卡因。但是，我们毫无阻碍地通过了！康海姆，我们来啦！

康海姆镇位于伦敦向北车程2小时的地方，所谓的沼泽地带边缘，一片潮湿肥沃的土地，毫无疑问，软体动物在这里会感觉非常舒适。小镇大概只有200名居民，却为成千上万的蜗牛提供栖息之所。

世界蜗牛赛跑锦标赛在当地的板球场举行，当我到达的时候，那里已经笼罩着节日的气氛——当地的管乐团吹奏着进行曲，小镇居民售卖自制的麦芽酒、咖啡和点心。当然，最吸引眼球的是赛场中心，这里聚集着大概50人，人们围成一个圈，比赛场地是一张用湿布覆盖的桌子，桌子旁边站着尼尔·赖斯伯勒（Neil Riseborough），一个身材高大晒得满面通红的农民，他20年来一直担任官方的蜗牛培训师，并负责宣读比赛规则——蜗牛们从桌子中心开始，在桌面上画好的同心圆赛道上，向桌边爬，最先爬出最外圈跑道即为胜利。非洲大蜗牛，由于其伸直的体长相当于整个赛道的一半，是被禁止参赛的。大部分参赛选手都是勃艮第蜗牛或者像内莱德这样的雷默瑞丽蜗牛。每个选手都有一个号码，号码被用红色水彩写在它们的壳上。随着一声口令："预备，镇定，慢！"（ready，steady，slow！）比赛开始了。

这就叫作"主要是什么也没发生"，内莱德一直坐在赖斯伯勒把它和它的14名对手放在的那个起跑线上。也许是它的生物节律由于时差和长途跋涉而混乱了，也许英国夏天的热度对它来说太刺激了，总之，它表现得异常软弱无力和搞不清状况。刚开始，它仔仔细细津津有味地吸那块湿桌布（每轮比赛之前，赛道都被洒一遍水），然后，它就开始和另外一只雷默瑞丽蜗牛交配。

比赛就这么过去了，当第一只蜗牛爬过终点的时候，内莱德还没有向前爬1厘米。3个小时，12场淘汰赛和一场决赛，最终决出这一年的蜗牛赛跑锦标赛冠军，是个名叫威尔斯的勃艮第蜗牛，它耗时3分19秒68完成了33厘米的赛程。作为奖励它获得了一个银制奖杯和一棵新鲜的生菜，其余大约150只饥肠辘辘的蜗牛只有看着的份儿。

大概晚些时候，实际上已经太晚了，蜗牛培训师赖斯伯勒向我介绍了他是如何训练他的蜗牛参加这种比赛的，

"训练时，最好让蜗牛在玻璃门上向上爬"，他说着，同时用那张大汗淋漓晒得通红的脸对我做了个一本正经的表情，"通过训练，它们的体力得到加强，到平面上的时候就会爬得更快。我们也用了很长时间思考正确喂养的问题，我认为，最重要的是给蜗牛提供简单、天然的食物，有些蜗牛偏爱蔬菜，有些则喜欢苍蝇，但就目前的认知来看，没有证据表明食物对比赛表现有影响"。

持久的训练也好，正确的饮食也罢，总不能忽略意外的因素。据吉尼斯世界纪录记载，由一只叫作阿奇（Archie）的蜗牛在1995年创下的纪录，在其后20年都未被打破，它仅用了2分20秒就爬完了全程，比今年的冠军快了将近1分钟，比内莱德快了更不知道多少倍。

假如我是一个马场主，而内莱德是一匹赛马，我肯定会给它致命一枪。可因为它是只蜗牛，大家对它的乖张举动是不能生气的，所以，我放它自由。我把它放在板球场后面一棵倒下的栎树的树干上，这个时候，因为大赛的压力没有了，内莱德仿佛挣脱了枷锁，当我几分钟以后再回头看它，想和它做最后的告别时，它已经不见踪影了。

我独自一人往回走，脑子里出现了一串问题：为什么人们偏偏让这种以慢著称的动物参加这种赛跑比赛呢？是对离奇场景的喜好呢，还是乐见一对相反概念（快与慢）的矛盾结合呢？抑或是在于，人们在蜗牛赛跑时可以安静地鸟瞰全程（而不像看赛车一样，对手在几秒钟内就冲到前面去了？）还是说，如今的蜗牛赛跑如此受欢迎（每年大约有250只蜗牛参加康海姆的世锦赛）是有什么深层次的心理原因？

有一种可能性是：蜗牛因其众所周知的名副其实的异常迟钝扮演了我们后资本主义绩效社会最大的对立面，而且，这种以蜗牛作为选手的比赛以简单滑稽的方式模仿了我们的"对速度的需求"（need for speed）。西方世界的生活"过度积极和忙碌"的特征越发显著，致使像内莱德和它同伴那样无忧无虑地喝水、绕个圈爬爬、若无其事地交配，看起来像是在浪费时间。社会学家哈特穆特·罗萨（Hartmut Rosa）恰如其分地将我们的社会描述为"加速社会"，把现代社会随处可见的提速称为"极权主义的新形式"。

罗萨划分出加速社会的三个领域。第一，技术加速。主要表现在过去200年间，人类的通信速度提高了一千万倍（比如：电话、E-mail、短信等）；与此同时，人们出行速度提高了百倍。第二，社会转变的提速。处于"过去"和"将来"之间的时间段，其间有一些社会准则、关系模式和处事方法占主导地位，这就是人们所认为的"现在"。"现在"随着社会加速而变得越来越短，大家可以想一想，一个如今80岁的人一生经历的各种政治和社会转变。正是这种变化越来越快的对世界的感知，最终导致了第三种加速——生活节奏加速。它表现为：我们尝试在更短时间内完成更多事，睡得更少，更少散步，开车时用免提电话通话，换挡间隙用闲着的手吃午饭。我们通过提高"每一个时间单位里行为和事件小片段的数量"来应对"时间紧迫"，最终却发现，尽管我们这样做了，可时间似乎变得更紧迫了。"无论我们变得多快，我们已实现的选择和经验与我们错过的那些相比，占比越来越小。"或者正如一个世纪前社会学家马克斯·韦伯（Max Weber）所说的"现代的文明人只能从持续增长的大量信息中获取一小部分，并且总是些暂时性的东西，而非最终的事物。因此，现代人和古典时期的人不一样，他们从来得不到满足感，却总有生活带来的强烈厌倦"。

从历史的角度来看，罗萨所说的加速的极权主义的产生可归因于生活的不断世俗化——当所有的可能性、幸福和需满足的愿望都在此岸，也就是当所有的事都要在现世今生经历一遍时，压力就变大了，想要尽可能多地尝试不同的事情，能做的唯有"更好地"利用现有的时间。谁能用一半的时间做完一件事情、达到一个目的、获得一种体验，谁的人生获利就会翻倍。另外，资本主义社会总是要在竞争中得到良性运行，个体必须不断重新找到其在一个体系中的社会定位。在此过程中，谁若是没有选择性地使用时间资源，就可能在他的对手那儿失去了先机。按照本杰明·富兰克林（Benjamin Franklin）的话来说，时间就是金钱和竞争，所以还有另外一种说法："时间就是不睡觉。"普通的社会加速和特殊的技术加速是以竞争为主的资本主义市场体系的逻辑结果，人们用英文"rat race"（你死我活的竞争）来称呼这个残酷的、永不休止的分配战。与之相反，蜗牛赛跑势必呈现出一种安逸的寂静的缓慢、不确定性、毫无意义的姿态。

因为加速社会是一个关于后现代的现象，所以毫不意外，近些年出现了某些起平衡作用的反对派运动，即对"慢"的颂扬。基于这种趋势，蜗牛被推举为最具代表性动物。作家君特·格拉斯（Günter Grass）在《蜗牛日记》（*Tagebuch einer Schnecke*）（此书灵感来自君特·格拉斯1969年议会选举战的经历）一书中称赞这种软体动物是"从容、坚定"的化身。蜗牛对他来说是政治进步的象征，没有变革式的跃进，而只是缓慢前行。"它们爬行，隐匿，用腹足渐行渐远，在经过被尘沙掩埋的革命时留下它们已经干涸的滑行痕迹。"由于它们的慢、它们的迂回前行、它们明显的无方向性，对作者来说，蜗牛正体现了乌托邦式思维的不乐观 —— 它代表了一种认识：现代民主制度的政治目标只能步履蹒跚地前行，甚至是永远不可能实现的。只有认识到和注意到"进步的停滞"的人 —— 曾坐在蜗牛的空壳上和居于乌托邦的阴影中的人 —— 才能真正衡量进步。

1972年，在格拉斯的《蜗牛日记》出版的同一年，美国先锋作曲家乔治·克拉姆（George Crumb）发表了他的钢琴曲《大宇宙》（*Makrokosmos*）的第一部。这部作品包含12个部分，分别与黄道12宫相对应。最后一部分对应的是水瓶座，即所有喜爱潮湿的动物的守护神，乐谱的形状是蜗牛壳一般的螺旋状，谱线好像通向一个向右螺旋的蜗牛壳里，以非实体的标记形式强迫演奏者要慢下来。"庞大、孤独、永恒"（vast、lonely、timeless）是这首曲子所要传达的，这三个要素与我们开头提到的瑙鲁创世神话不谋而合。

这首曲子演奏起来也像一只蜗牛，一个八分音符按照作曲家的意愿持续3秒，这比传统的慢板要慢5倍。在接近尾声时，"标记极弱极弱极弱"（Pianopianissimopianissiomo，ppppp）拖到让人几乎听不见。如果蜗牛会跳舞，那么这首曲子就是真正为蜗牛谱写的舞曲。

不仅在文学政治和宇宙艺术的领域里，在日常生活中蜗牛也被看作起象征作用的动物。所以，一个手绘蜗牛的造型从20世纪90年代中期开始被作为慢食运动的标志。这个源自意大利的组织宣传使用本土生产的、应季的食材，并或多或少地使用传统料理方式来加工食物。以此宗旨做出的菜品主要区别于现代的快餐，需要慢慢地安静地享用。这个蜗牛标志与害虫（以生态农业为目标的农民不愿在他们的生菜上看见的害虫）无关，而是要将这种动物爬行和咀嚼的速度作为我们人类的榜样。

但是，我们是真的认真模仿这个榜样吗？还是在慢食餐厅里吃个饭，只为让我们自己更强壮，再去满足加速社会的苛求呢？类似地，我们沉浸在乔治·克拉姆的螺旋乐曲当中，是为了听完之后神清气爽，得到了深度放松后再回到电脑屏幕前工作吗？我们毫无耐心地用电子书翻看格拉斯的慢之颂歌？我们是否看像《极速蜗牛》那样的F1方程式电影或

"Turbo" 这个表达不仅仅就汽车而言，还意指蝾螺科（Turbinidae），这里展示的是：夜光蝾螺（*Turbo marmoratus*）、银口蝾螺（*Turbo olearius*）、栗色蝾螺（*Turbo castanea*）、圆蝾螺（*Turbosetosus*）。（插图源自 1830 年）

者康海姆镇的蜗牛世锦赛而捧腹大笑，然后又立即投入资本主义的竞速游戏里呢？

　　换句话说，"蜗牛对战加速社会"这样一个计划，有效果吗？人们把电影《极速蜗牛》看作迄今为止最成功的关于蜗牛赛跑主题的文化工业产品，由此可见，大家必须回答：没有！这部几乎全程滑稽搞笑的电影有一个惨痛之处，人类F1赛车手在与蜗牛对决中虽然输了，自动化的加速社会却赢得了最终的胜利。影片的最后一幕，特博和它的腹足动物朋友们晋身赛车之星，为和高度工业化世界里的其他东西一样快，它们用发动机、螺旋桨和其他组件武装自己。"你可以爬，但你不能躲进壳里" —— 从加速社会的专制中得到的惨痛教训是：就算是蜗牛也是没有退路的。

第二圈

食物和厌恶

每当我偶尔走进一家法国餐厅，看到菜谱上的法式焗蜗牛，我总会想起哈利·波特，更准确地说是想起哈利的同学罗恩·韦斯莱。在 J. K. 罗琳（Joanne K. Rowling）的哈利·波特系列小说第二部中，罗恩在与霍格沃茨的同学吵架时使用了一句咒语，"吃鼻涕虫！"（*Eat slugs*！）然而因为他的魔杖折断了，咒语反弹到了他自己身上，结果，接下来的几天他都在一只接一只地吐鼻涕虫。

这一幕从两方面来说很有趣：其一，蜗牛在这里充当了一个令人生厌之物的代表 —— 其他的魔咒可能会让人死，但都不如这句这么令人作呕（哈利 3 年后想起这一幕依然想吐）；另一方面，这种讨厌的东西又十分矛盾地和吃有联系，最终，"吃蜗牛！"（Schluck Schnecken！）的诅咒得到了完全相反的结果，导致被诅咒的人吐蜗牛。很明显，食物和厌恶、吃和吐在将蜗牛做成食物的时候有机结合在了一起。那么，是如何结合的呢？

红蛞蝓（red slug）外套膜上有明显的呼吸孔

　　为什么蜗牛一定要被看作是讨厌的？还有，为什么以及从何时开始，蜗牛被讨厌的同时竟然还被当作食物了呢？

　　呕吐。首先来思考一下，为什么罗恩吐的不是蜗牛（snail），即带壳蜗牛，而是鼻涕虫（蛞蝓，slugs），即无壳蜗牛。实际操作上的原因是：带壳蜗牛因为形状和大小的关系，的确不像无壳蜗牛那么容易被吐出来。另外，可能归因于一个事实——无壳蜗牛比它带壳的兄弟姐妹们看起来恶心得多。从蜗牛身上存在的矛盾中已经体现出了这一点——蜗牛的壳总被认为是可爱的、美丽的，而它们的身体则恰好相反

传统主义者：摩尔人的玛瑙蜗牛（die Maurische Achatschnecke）

被认为是令人生厌的。从进化论的角度来看，无壳蜗牛是更先进的，是带壳蜗牛的2.0升级版，在它们前辈背着壳的地方，它们只有一块扁平的厚厚的皮，即所谓的外套膜，因此，它们更灵活、行动更快，也节省了用于拖动外壳所需的能量，但是，它们也更容易受伤。它们通过两种方式来弥补没有保护壳的缺憾，一方面是大量繁殖（菜园的主人都对此有切身体会），另一方面是分泌一种对大多数动物来说不宜食用的黏液。荒原派诗人和业余软体动物专家赫尔曼·隆斯（Hermann Löns）讲述他在明斯特动物园当临时动物饲养员的经历时讲道："当我有一天用蛞蝓喂各种动物时，遭到了各种拒绝。不论是鸢还是乌鸦，鹳还是秃鹫，甚至连野猪都拒绝吃这种蜗牛，礼貌而十分坚定地拒绝。当一只鸵鸟被迫吃下一只蛞蝓之后，几经挣扎立即把蛞蝓吐了出来……真是奇怪了！我想，作为严谨的科学青年我不该被成见束缚，我用食指在蛞蝓背上轻轻刮了一下，品尝了少许黏液。成果是丰硕的，第一，我的反应大概和那只鸵鸟差不多；第二，我不得不猛喝了一口白兰地；第三，我在接下来的3天都没有胃口；第四，一位特别漂亮的姑娘，听我讲述了这个蠢到不可置信的尝试行为之后，便不再理我了。"

虽然我也自视是严谨的科学青年，但我在这个问题上更乐意相信隆斯先生，不打算让自己的身体和味觉重复这种尝试。即便是一直被当作食物的带壳蜗牛，我对舔一下它或者以其他某种方式尝一下它的黏液，都有莫名的顾虑。我猜，大部分中欧人对过分亲密接触活的软体动物的反感，部分源自它们黏糊糊、滑溜溜的触感。哲学家、心理分析师朱莉娅·克里斯蒂娃（Julia Kristeva）将这种厌恶感描述为"颠覆了里和外、固态和液态、纯净与不洁的界限"，它用令人不适的方式提醒我们，我们曾经费力地从母体黏稠潮湿的羊水里挣脱出来，并有一天又将回到类似的难以名状的状态里。

现在，蜗牛是这种厌恶概念的一种具体形式，出类拔萃（par excellent）的它游走于各个世界、边界、范畴之间。最经典的表现是，它在动物、蘑菇和植物之间切换角色，当它缩进壳里，甚至还有可能是石头。它不是鱼也不是肉，像哲学家加斯东·巴什拉（Gaston Bachelard）说的"半死不活的"，布满黏液闪着光泽，像初生的婴儿或者正在腐烂的尸体。它不仅让我们看到我们从哪儿来、到哪儿去，而且会威胁到我们身体的完整性——我们一旦死了，蜗牛和其他的小动物会成群结队地爬到我们身体上，饱餐一顿！

这种界定上的不确定性绝不是我们讨厌蜗牛的唯一原因。美国人类学家马文·哈里斯（Marvin Harris）曾提出两个理论，解释无脊椎小动物何时会被作为食用禁忌，而何时不会。

第一个理论是"臻于完美的觅食者"。她说"觅食者将只把提高他们觅食活动整体功效的东西列入食物范畴"。换种说法就是，在一个社会中，腹足动物和其他害虫在向人类提供营养这一块有值得一提的贡献，且此贡献能帮助这个族群存活下去，它便很少被视为禁忌，饥不择食嘛。然而，一旦有"高级的"食物，比如牛或猪，在这些动物身上，劳动付出和

饲养蜗牛还是对抗害虫？插图源自康拉德·冯·梅恩伯格（Konrad von Megenburg）的《自然之书》（*Buch der Natur*）（约 1349—1350）

卡路里获取之间的比例更佳，这时，"低级"动物就会失去原有的意义，甚至完全被划归为让人厌恶的东西。

哈里斯的第二种理论是"其他用途理论"。她说："我们对不能食用或不喜欢吃的动物的反感，会因为它们没有其他的利用价值而增加。马在中欧地区的传统里很少被食用，但是人们一直在战场上（或者如今的马场上）骑它们，或者在它们的帮助下耕种。狗也同样属于食用禁忌，但它们能防止入室盗窃，或帮助狩猎。蜗牛则正相反，当它们不再被当作食物，就完全没有他用了，因为它们既不能骑也不能拉货，不产奶也不产毛，也不能寻找山鹑。"哈里斯说："它们不仅吃地里的庄稼，还在我们鼻子底下把我们盘子里的食物吃掉。"诚然，就算是在法国餐厅点法式焗蜗牛的人，当看到一对蜗牛大摇大摆不请自来地爬上他们的沙拉盘，同他们抢夺食物时，也是会讨厌它们的。"让我们西方人更痛恨它们的，是它们偷偷摸摸地生存在那里，成了人类很近的邻居，它们白天都躲起来，到夜晚才爬出来。所以就不奇怪，为什么我们中大多数人见到它们会觉得恐惧。"因为吃庄稼，蜗牛被划到害虫的范围里。人们可以毫不负责地将它们弄碎、踩死或者毒死。若人们想的话，可以在它们活着的时候把它们扔进开水里，然后配着白面包和香草黄油来招待客人。

吃。尽管蜗牛具备各种招人讨厌的特点，却从几千年前就开始被人们食用了，而且食用者并没有被"吃蜗牛"这样的咒语强迫。这出于非常实际的原因，其中最重要的应该是蜗牛简直是最易获取的猎物。它们不会逃跑，不会自卫（当然也有例外，比如大洋洲的少数蜗牛种类，会使用致命的毒刺），就算它会缩回壳里，若捕食者对此早有预判，这种躲避也是徒劳的。蜗牛可能是唯一一种不用"猎取"、不需"抓捕"，却只需"收集"的动物类食物。养殖蜗牛的人说，当蜗牛要被拿去吃的时候，那场面是典型的"收割"。

软体动物从旧石器时代开始就被人类当作食物，食品历史学家菲利普·费尔南德兹·阿迈斯托（Felipe Fernández-Armesto）甚至猜测，蜗牛可能是第一批被人类驯养的动物。他说："与那些人们能想到用来吃的又高大又倔强的四脚动物相比，蜗牛很容易驯养。""人们不需要用火控制它们，不需要特殊的装备，也不用面对危险，不用领头的动物或牧犬带它们回窝。"此外，蜗牛是"饲料利用率最高的"——从植物到肉的转化率来讲，蜗牛是牛的2倍，羊的3倍，是大螯虾的

大不列颠及爱尔兰的食用软体动物（1867）。在 19 世纪，食用蜗牛在很多地方还被看作是"粗俗的"

10倍。[1]而且，与那些动物不同，蜗牛只要有干枯或腐烂的菜叶子就满足了。

系统养殖蜗牛始于公元前1世纪。罗马史学家老普林尼（Plinius der Ältere）说："在罗马内战之前，法尔维阿斯·利比纽斯（Fulvius Lippinus）搭了一个盛蜗牛容器，将蜗牛分类后放在里面，比如白色的以个头大著称的伊利里亚蜗牛、以高产著称的非洲蜗牛、以高品质著称的索利塔蜗牛，被区分开来。他甚至还想出了一种饲料，由浓稠的果汁、面粉和其他的食物调和而成，目的是让蜗牛不仅被养得胖胖的，还能满足高品位食客的味觉。"

阿尔卑斯山北部第一座蜗牛养殖园大概是由教士建起的，且归功于天主教的饮食规则 —— 因蜗牛不属于肉类，所以在斋戒期间也可以食用，而且是一种非常受欢迎的简餐。（吃蜗牛之所以流行可能还有另一个原因，即蜗牛是玛利亚的象征，所以吃蜗牛的人相当于变相将圣母吞入体内，或将一定意义上女性的化身纳入体内，或诸如此类的其他想象。）20世纪初，德国的蜗牛饲养者，如约翰内斯·施耐德（Johannes

---

1　疑原文有误。通常动物体形越大，食物转化率越低。—编者注

Schneider）在其饲养简明手册《葡萄园蜗牛，饲养与利用》
（*Die Weinbergschnecke，ihre Mast und Verwertung*）中写道："他们
的主要销售对象是国内的修道院；最小的一部分卖到了大城
市的熟食店，在那里以非常高的价格出售。"而自宗教改革开
始，新教地区的蜗牛消费持续回落。

这种因教派而产生的饮食差异在施瓦本山区（die
Schwäbischen Alb）表现得最为明显，在那里有蜗牛山、蜗
牛岩、蜗牛公园、蜗牛柱这些名字，直到今天都在证明蜗
牛从前被当作食物的意义——叫这些名字的地方都在大修
道院附近，比如茨维法尔滕（Zwiefalten）和上马尔希塔尔
（Obermarchtal）。这两个地方直至19世纪前都隶属于奥地利，
并因此与严重基督教化的高山牧场区不同，是信天主教的。
当我2014年去施瓦本高山牧场拜访一对饲养蜗牛的夫妇丽
塔·格勒（Rita Goller）和瓦尔特·格勒（Walter Goller）（他们
经营着一家按照历史范本建起的蜗牛园）时，来自古老的德
高望重的天主教养蜗牛世家的妻子，与她来自高山牧场区的
丈夫之间，依然存在分歧。

她笃定地说："我们现在住的地方是信新教的，我来自劳
特塔尔(Großes Lautertal)，那里是纯天主教区，所以我一直都

是吃蜗牛的，这是重要的斋戒食物。"

他轻声细语、略带讽刺地说："我是个新教徒，我总是说，我们新教徒不吃这种害虫的。就像在英国、美国这些信新教的地方，蜗牛都不会被当作美味佳肴或食物什么的。"

格勒夫妇从12年前开始养蜗牛，园里爬着4万只蜗牛，在上半年他们每天要和蜗牛一起度过5个小时，尽管如此，新教徒依然不能克服对他每天照顾的小动物的厌恶。格勒先生说，这样讨厌蜗牛虽然对生意不利，但他依然无法适应他妻子的"烹饪的享受"。

确实很明显，所有以蜗牛料理著称的国家和地区都是信天主教的 —— 奥地利、西班牙、意大利，以蜗牛汤闻名的德国西南部的巴登。当然还有法国，在那里每年有4万吨蜗牛被吃掉，再没有其他任何一个国家如此执着地吃蜗牛。当一个英国人或一个美国人进到餐厅想吃一道蜗牛，他们不会点"蜗牛"（snails），而是优雅婉转地表达为"食用蜗牛"（escargots）。

不过，蜗牛的受众群彻彻底底转变了。在大不列颠岛，19世纪中期的时候，蜗牛还如当时的作家所述，被看作是"无足轻重的"和"不入流的"食物，在伦敦，做熟的蜗牛在

没有房子的就无须再建房子

陆生和水生无壳蜗牛，选自《软体动物》(Les mollusques) (1868)

街边以每份1便士的价格兜售。是的，即便在法国，蜗牛直到19世纪还被看作是农民吃的食物。今天的情况则大有不同了，在L'Escargot餐厅，即所谓的伦敦最好的法国餐厅，半打勃艮第蜗牛售价12英镑。源自巴勒莫(Palermo)地区勃艮第蜗牛的卵，被取名为La Lamaca Madonita，以类似鱼子酱的形式出售，每公斤卖到1600欧元。显然，蜗牛在欧洲，像大鳌虾一样在市民时代经历了符号性的转变 —— 从廉价食品蜕变为昂贵的、奢侈的美味佳肴。为什么呢？

首先，可以在动物饲养界不断加强的高效化和工业化里找到一个简单的解释：收集蜗牛的工作很累，养殖过程又费时费力。现如今，若想吃便宜的肉，不会选蜗牛，而是买鸡肉或猪肉。按照资本主义稀缺即珍贵的逻辑，蜗牛就这样变成了奢侈品。

第二种解释要复杂一些：若按照马文·哈里斯的"臻于完美的觅食者"理论，蜗牛本该由于这种缩减而越发被讨厌，当它们对补偿日常蛋白质消耗不再起作用时，它们会被当作害虫。蜗牛对大家的吸引却正在这一点上，如法国社会学家皮埃尔·布迪厄(Pierre Bourdieu)所说，"竭力效仿贵族言谈举止的资产阶级深深反感一切将享受流于表面的东西"，比如汉堡包、口香糖和好莱坞的煽情电影。由此推论得出，所有反对这种肤浅消费的菜和产品都增值了 —— 一场5小时的瓦格纳歌剧在美学角度上来讲胜过3分钟的流行音乐，一首对仗工整的诗比一部侦探片要好，松花蛋、活牡蛎或半打勃艮第蜗牛比一份煎蛋配薯条好。

与必需食品即"大众流行的随便吃吃"的品味不同，奢侈食品的品味将首要注意力从材料转移到展示手段、摆盘方式、食用方法等方面，从数量转移到质量，从功能转移到形式。为这类菜品、歌剧和诗进行消费很少是为了吃饱或精神愉悦，更多是为了进行社会区分。说到食用方法之细致及对风度举止的高要求，蜗牛是这些荣誉食品里的佼佼者，是前菜里的"诸神的黄昏"[1]。蜗牛通常被盛在一个蜗牛壳状的盘子里端上来，一把蜗牛钳，用于夹住滚热的蜗牛。若想很专业地抠出蜗牛的身体，则要用到蜗牛叉，其使用方法是必须经过事先学习的。特别是，还需要大力克服心理障碍，就是吃下那些平日里栖息于地下，活着时满身黏液，最后被塞在不透明的壳（壳的螺旋处可能藏污纳垢）里端上餐桌的动物。如

1　瓦格纳的歌剧作品。——译者注

布迪厄所说"没有什么事情比用财富美化一个原本无足轻重甚至'粗俗'的东西，让人觉得自己更值得骄傲、更超凡脱俗、更高贵"。

而且，谁知道呢，也许克服吃蜗牛时的厌恶感，不仅为了赢得荣誉感，说不定还是某种特殊的兴趣呢？最终，这两种情愫彼此紧密交织在一起。按照西格蒙德·弗洛伊德（Sigmund Freud）的理论，厌恶感甚至是不可或缺的被取代的性冲动的识别标志——我们讨厌展示我们的性器官，是因为我们曾在婴幼儿阶段有过展示性器官的渴望；我讨厌粪便是因为我们处在肛欲期时曾试图憋住粪便。蜗牛如此令我们感到恶心，是因为它们像鼻涕一样黏黏糊糊、形态不明，而我们小时候曾时常将鼻涕从鼻孔挖出或者从气管里咳出又咽回去。蜗牛和其他软体动物让我们将这种孩童时期的恶趣味以另一种形式大大方方地（且以社会允许的形式）重温一遍。滑稽演员格哈特·波尔特（Gerhard Polt）曾说"牡蛎是小人物的痰"，那么反过来可以说，蜗牛是大人物或至少是富人的痰。想吃蜗牛的人，事先得把厚厚一沓钱整齐码好。

说得够多了，开餐时间到！

在农场的一天

参观布列塔尼的蜗牛农场

那年的最后一天，一个中心在爱尔兰的低气压形成的气旋笼罩在北大西洋上空，给欧洲带来了狂风大作的天气。我在法国最西端的"触角"，布列塔尼地区的西赞县，很巧的是这里距离法国第一家被官方认证的无公害蜗牛农场特别近。我想：机不可失，时不再来。我一般是不吃肉的，但出于研究的需要，我决定，今天破例。

迪迪埃·博尼斯（Didier Bonis）和雅尼克·博尼斯（Jeannick Bonis）的蜗牛农场坐落于距坎佩尔（Quimper）向西约1小时车程的地方，在拉兹角（Pointe du Raz）附近。一条两旁是金雀花的石板小街的尽头，一座房子，一个农场商店，几个温室。温室的塑料棚已经破碎了，因为前一晚席卷海角的台风扫过了这里。平日里在这爬来爬去的有25万只养殖的勃艮第蜗牛，拉丁名为"*Helix aspersa aspersa*"，用法语说是"petit-gris"即"小灰"，而不是像博尼斯先生现在告诉我的"Les escargots font dodo"（蜗牛们在睡觉）。博尼斯先生

北大西洋上空的云蜗牛（气旋）——冰岛低压

50岁出头，小个子，略秃顶，跟我打招呼的时候面带抱歉的微笑。由于我的法语水平非常差，以至于我刚开始误以为他说的是蜗牛们都死了，它们像17世纪的渡渡鸟一样灭绝了！（machen den Dodo）然而并不是这样，它们只是在小憩，在冬眠。

　　此时此刻，它们还在农场5摄氏度的冷库里，但很快就该被唤醒了。在野生环境中，蜗牛长成需要两年时间，为了加速生长过程，博尼斯一家把春季提前了一个季度，让它从

1月份就开始了。头一年被选作延续后代之用的蜗牛，现在会被放进所谓的繁殖间里。

室内温度恒定在20摄氏度，湿度为85％，每天16小时人工控制，此环境会激发蜗牛们交配。土制的小容器已经被准备好，蜗牛会把卵产在里面。迪迪埃说这叫"我们的鱼子酱"。当蜗牛们产完卵，盛"鱼子"的小容器会被拿走，放进恒温储藏室，这里同样保持20摄氏度的室温，3周以后，小蜗牛就在这里破壳而出。

这时，真正的喂养开始了 —— "小灰"们会被放进温室里，用油萝卜和白苜蓿叶来喂养。另外，还给它们吃无公害种植的谷物，还有能帮助它们长出壳的碳酸钙。倘若布列塔尼的夏天背离大家的期待而过分干燥，温室里安装有加湿器可以确保室内湿度。另外，"小灰"们可以运动，或至少在小范围内活动活动 —— 无公害动物的饲养条件规定，每只蜗牛有35平方厘米的活动空间。（然而，非无公害饲养的蜗牛的活动面积只有这里的三分一大。）

即便是生物性最活跃的蜗牛也有生命走到尽头的时候，7月中旬至9月末期间就开始收割了（迪迪埃实际上说的是"récolte"，即收获）。首先蜗牛要被放在一个通风良好的网状空间里晾好些天，此过程中它们能够排空体内脏物，俗称"排粪"。（这是高山牧场区格勒一家坚决不采取的方式，他们说这是"对蜗牛的折磨"，施瓦本的养殖者一直等到蜗牛为了准备冬眠把肠子排空，再缩进壳里，然后等它们睡着的时候再杀它们。格勒太太说："我现在不想把它们拽出来，因为这样做它们有可能会醒过来。我需要整个过程非常快，因为我一整年都跟这些小动物生活在一起，所以想在任何一方面都给它们更多的照顾。"）

接下来，至少在博尼斯家是这样的，蜗牛迎来了一生中最后也是最受煎熬的一刻。它们被活着扔进开水里，被从壳里揪出来，洗净并去除黏液，然后连同香草黄油和洋葱一起塞回洗净的壳里。蜗牛最终以这种形式被用塑料薄膜裹好，拿到市场上卖。只有五千到一万只蜗牛能逃过这一劫，是为了给第二年繁衍后代做贡献。那么，到底哪些蜗牛能享受到这种特权呢？

迪迪埃说"好看的蜗牛"。是的，没有什么指导性的标志也不带讽刺的暗示，他只挑外表好看的蜗牛去繁衍。说话间，他太太雅尼克过来了。她比迪迪埃年轻一些，果不其然是个美人。通过这个类比（我之前也一直相信一种观点，即

害虫和重量级选手——非洲大蜗牛的体重可达半公斤

饲养者会挑选符合其本人个性的动物品种来饲养，其挑选的标准会不经意地从被养的动物身上反映出来），我鼓起勇气问迪迪埃，他太太和蜗牛之间是否有什么相似之处。我的意思当然是只从尽量好的意义上来讲，比如：她是否不仅美丽，而且有耐心，又温柔恬静。但我很快发现，这个问题引起了误会。先生只是沉默地摇了摇头，并害怕地瞟了他太太一眼。太太高深莫测地说了一句"看情况"，之后快速回到了专业问题上。

　　博尼斯一家从20年前就开始从事蜗牛养殖，什么原因让他们偏偏决定养这种动物呢？

　　按迪迪埃的说法，虽然布列塔尼已经有很多蜗牛了，但没有按照传统的无公害方法饲养的蜗牛。首先，他们对来自国外的廉价蜗牛冲击着本土蜗牛市场感到很气愤。那时候，所谓的勃艮第蜗牛主要来自东欧，主要在勃艮第（Bourgogne）地区被食用，可它们却占了法国食用蜗牛总量的三分之一。另外三分之一是非洲大蜗牛，这种蜗牛能长到半公斤重，所以被大量饲养用以盈利。它们主要从印尼、中国大陆和台湾地区进口而来，被切成小块塞进勃艮第蜗牛之类小型蜗牛的壳里，再拿出去卖。在法国精品食品店里，每一千只蜗牛里只有一只是迪迪埃所说的真正的"小灰"，即目前最好的品种。

　　那么，什么样的蜗牛饲养者是成功的呢？成功的蜗牛饲养者要具备什么特质呢？

　　雅尼克认为，首先要有耐心。所有一切都进展得十分缓慢，如此，育出了10代蜗牛，经过了多年精心的挑选和喂养，直至他们的蜗牛个头增大了一倍。我当时用赞许的点头和兴奋的、真切的呼喊来表达了我对这份耐心换来成绩的震惊。晚些时候我才反应过来，其他动物的饲养者想要实现这

样的增长率简直就是做梦啊，要让猪的产肉量翻倍，需要的
时间可比10年要多得多。

那么，他们个人和蜗牛之间的关系是怎样的呢？

雅尼克说："和平相处。"

但是，有没有什么让他们对蜗牛感到反感的事情呢？

"只可惜不能训练它们自己跳进箱子里"，迪迪埃说着还
模仿了一个吹口哨的动作，好像在招呼一只猎犬。"任何时候，
我们都不得不用手抓它们"。

最后一个问题，我把手里装着一打勃艮第蜗牛的塑料袋
举高，问道："多少钱？"

在这天晚上，我人生中第一次吃到了蜗牛。我的反应并
没有像遭到反弹咒语"吃鼻涕虫"的罗恩·韦斯莱那么激烈，
但是在敬佩博尼斯夫妇的养殖及烹饪技艺的同时，吃蜗牛这
段经历不提也罢。炸蜗牛被端上桌时，滚热的香草黄油还从
壳口发出咕噜咕噜声，这是最有趣的一段了。把软软的身体
从深深的壳里拽出来这个过程，对我这样一个被宣称为手无
缚鸡之力的素食主义者来说已经太过残暴了。最终，在食用
方面的体验是 —— 很抱歉，可以忽略不计！就像洋葱加香
草黄油的口香糖。我想象着给嘴里的蜗牛取名叫Dodo，我勇

敢地把它吞下去，觉得自己吃下的不仅是一只蜗牛，还是一
个关于"食用蜗牛"的课题。

情欲以及不染原罪受孕的象征？女皇凤凰螺（stombidae）典型的壳口外展的螺壳

第三圈

性

去年春天，我女儿带回家4只带壳蜗牛，是雷默瑞丽蜗牛。为了加以区分，分别取名皮普希(Piepsi)、安娜贝尔(Annbel)、乌多（Vdo）和黑格尔(Hegel)。若要在这儿解释一个5岁的女孩子为什么会用唯心主义哲学家的名字给蜗牛命名，会打破这本书的框架，但有一件事是肯定的：蜗牛们一被带回家，在某种程度上说就成了家庭成员。我给小家伙们弄来了一个旧鱼缸，还在里面布置了青苔、树枝和树皮。

但在一个阳光明媚的早晨，乌多突然不见了。它把鱼缸上的盖顶开，并在某个大家都没注意到的瞬间悄悄逃走了，这让我觉得不可思议。我翻找了树枝和树皮下面，这些它平时喜欢躲进去睡觉的地方，结果全无踪迹。要么就是乌多为了安静地死去把自己藏在了青苔下面？我没有把这种猜测告诉女儿。要么，完全相反，是为了……确实，在鱼缸的一角，在一指厚的苔藓层里，它像条盘踞在金银财宝上的龙一样，蹲在一个由大约上百枚卵组成的球体上。乌多竟然是个"她"!

或者，是个"它"？[1]或者哪种性别都不是？或者集各种性别于一身？

蜗牛们到底是怎么繁衍后代的呢？

在古希腊时期有一种广为流传的认知，即蜗牛是无性的。亚里士多德把蜗牛归于"非交配动物"，并猜测它们可能是在烂泥和腐殖质中，从自己的身体里分裂出来的。400年以后，老普林尼写道："像蜗牛和海螺这种硬壳的动物，产生于一种口水状的黏液里，就像蚊子是从发酸的液体里出来的。"在16世纪，阿塔纳斯·珂雪（Athanasius Kircher）神父认为，人们能让死海螺复活，方法是将它们的空壳磨成粉末，再在上面浇盐水。

当然，中世纪的基督教学者没有忽略著名的一幕——圣灵感孕。由于蜗牛被臆想成无性繁殖，这使其晋升为一种圣母的象征，从而备受欢迎。并且，在中世纪晚期，描绘玛利亚圣灵感孕、圣母访亲、耶稣诞生、朝拜等场景的绘画作品中，蜗牛成了一种被广泛使用的流行饰品。这类作品中最

1　指中性。——译者注

美的一幅挂在德累斯顿古代大师画廊，是意大利文艺复兴画家弗朗切斯科·德尔·科萨（Francesco del Cossa）的画作《天使报喜》（*Die Verkündigung*）。

　　我们看向这座宫殿空旷且光线充足的柱廊（这宫殿当然与历史上耶稣母亲在巴勒斯坦的住所不怎么像），一根大理石罗马柱将画面垂直分为两半。柱子左边跪着天使加百列，举着手祝福并告知玛利亚她已经怀有圣子。在他的头上方是很小的圣父，并将他的圣意以鸽子的形式送往人间。柱子右边，裹着深蓝色披肩的玛利亚站在那里，她恭顺地手捧心口，这里似是得体地描绘了怀孕的状态。玛利亚的目光没有看向圣父，也没有看向先知的天使，而是谦卑地看向下方，在那目光所及之处，在被擦得光亮的大理石地板上，爬着一只引人注意的大勃艮第蜗牛。蜗牛壳上的纹路和圣母披肩上的褶皱一致，它仿佛没有看现场任何人，只是坚定地沿着画的边缘爬行，它触角的造型与告知天使伸出的食指和中指、圣父伸出左手做出的祝福手势相得益彰。

　　乍看起来，这里是在用象征的手法表明玛利亚处女的身份——蜗牛似在象征性地表达"我们两个，都能在不染原罪的情况下产下惊世的后代"。然而，在法国艺术史学家

圣母领报 ¹——文艺复兴画家弗朗切斯科·德尔·科萨所描绘的玛利亚接受天使报喜的场面（1470—1472）

---

1 即《天使报喜》。——译者注

达尼埃尔·阿拉斯（Daniel Arasse）看来，这只蜗牛的作用远不止于此。他的观点简单来讲就是，用一只与圣母并不是最相似的蜗牛来比喻圣母，这说明所有艺术作品都难以表达其真正想要呈现的内容。通过一只坐在画幅边缘的蜗牛，它呈现了画作可表现性的边界。这幅画无声地传递着在圣经故事里影响深远的圣灵感孕故事的重大意义，是不可能用油彩在画板上（139厘米×113.5厘米）恰如其分地重现的。圣经故事及再现它的作品之间的差距，就像圣母和蜗牛之间的差距，大到不可估量。蜗牛用看不见的黏液在画的边框上写道：这幅画就仅仅是一幅画。

　　然而，这条崇高的传统边界线却一再被另一条远非积极、甚至有负面色彩的蜗牛黏液痕迹打破。所以，许多其他的评论家和艺术家不认为这只蜗牛代表禁欲，而恰恰相反，把它看作是肉欲和肆意繁殖的象征。教皇格列高利一世就将罪恶之人比作蜗牛，因为这种人和蜗牛一样，很少追求灵魂救赎，而更多地致力于感官上的乐趣。近代早期作家阿尔伯蒂纳斯（Aegidius Albertinus）把带壳的软体动物看作是"好色和淫荡之人"的象征。许多巴洛克时期的静物画上，这种动物都是无聊的世俗的算计者和旁门左道的市井无赖的标志。

这种对蜗牛的性的解读方式延续至今，在彼得·格林纳威的电影《女人的阴谋》（*Verschwörung der Frauen*）的开头，一个烂醉如泥的男人像软体动物一样猥亵邻居家的太太，接下来一个特写镜头里满是蜗牛，它们正在啃食周围散落的水果，不久之后，它们便与其他蠕虫和蛆一起把那个男人的尸体吃了。在奥地利导演米歇尔·格拉沃格（Michael Glawogger）的情色讽刺电影《蛞蝓》（*Nocktschnecken*）里有这样一幕，主角们在夜露浸润的草坪上像标题上的动物一般纵情交缠。来自柏林的电子流行乐才子延斯·弗里贝（Jens Friebe），有一首单曲颇具暗示性地取名为《催眠曲》（*Schlaflied*），在这首歌的MV中，延斯赤裸上身和一只雷默瑞丽蜗牛缠绵在一起。在德国联邦健康教育中心的一部宣传片里，一位年轻的女子，当她在没有保护措施的性行为后，从凌乱的床上爬起来，头上长出两只巨大的蜗牛触角。片尾一个冷静的声音评论道"性传播的疾病就是这样悄然而至"。但画面上却传达着另外一种信息——不戴安全套且与非固定伴侣发生性关系的人，会被惩罚变成黏糊糊的蜗牛。蜗牛这般饱受质疑的声誉是公正的吗？蜗牛真的是多配偶、滥交的性狂魔吗？

一切皆虚无——哈尔门·斯滕韦克（Harmen Steenwijck）的静物画（约 1640）

目前，绝大多数的蜗牛繁衍后代的数量是相当大的。由于它们行动缓慢，身体脆弱，于是非常容易被猎食者吃掉，所以它们必须大量繁殖，以确保种族的延续。也许，没有哪部艺术作品像帕特里夏·海史密斯的小说《蜗牛专家》（*Schneckenforscher*）那样，把蜗牛大量繁殖这件事描述得那么令人印象深刻。在这个故事里，一个与动物世界毫无关系的金融经纪人彼得·诺佩尔特，在一次偶然观察了两只（原本为买来吃的）勃艮第蜗牛的性爱游戏之后，惊讶地发现了自己对蜗牛的喜爱。"它们面对面直立着，总体看起来像立在

尾巴上，它们摇来摇去，像被笛声催动的蛇。下一刻，它们
把脸贴在一起，充满欲望地亲吻对方。诺佩尔特先生弯下腰
来，从各个角度观察它们，他的直觉告诉他，这是一种性行
为的方式。"

　　他的直觉没有欺骗他，不久之后，它们中的一只产下
大概70枚卵。18天以后，这些卵变成了小蜗牛宝宝，这些
宝宝没多久又可以产卵，这些卵……蜗牛专家海史密斯可
能是为了剧情需要将这个周期描述得比较短 —— 因为，一
般来讲，勃艮第蜗牛3岁时才性成熟。诺佩尔特先生办公室
里的蜗牛呈几何式增长，直到整个地板、天花板、墙壁、窗
户、架子和门都被它们覆盖了，某个晚上，或许出自蜗牛们
一致的恶意，或者其他什么意外，蜗牛们将这位可怜的富有
的金融经纪人扯倒在地，而后闷死了。"他眼前一黑，这是
一片骇人的、翻涌的黑暗。他再也得不到一口空气，连鼻子
和双手也被黏液封印，动弹不得。透过残存的视野，他看到
近在眼前的橡胶树残骸……地面上，两只蜗牛在无声地交
配；不远处，一群如露珠般晶莹剔透的小蜗牛从坑里涌出，
化作一支由无数士兵组成的队伍，正向广阔的世界进军。"

　　这乍一看会觉得是一篇关于以错误方式喜爱动物的讽

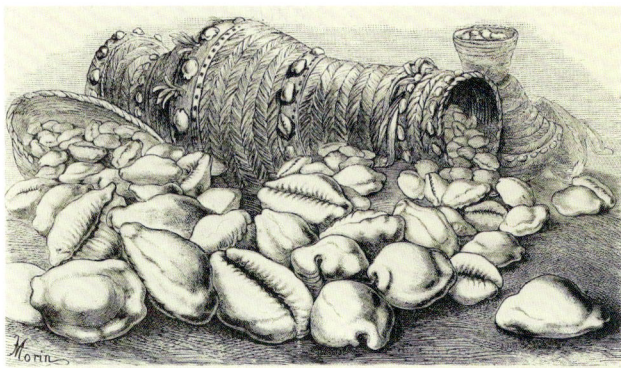

自 3500 年前开始作为流通货币——黄宝螺（Kaurischnecke）的陶瓷一般的壳

刺小说，细看之下便发现是中世纪道德剧，像海史密斯的南海故事《克拉夫林斯基迷踪》里的教授一样，诺佩尔特先生成了虚荣和贪婪的牺牲品。然而，相对于埃弗里·克拉夫林斯基只追求象征性的资本（即他的名字在科学上得到永恒 —— 用他的名字命名新发现的物种），诺佩尔特先生在工作中运用有价证券像蜗牛繁殖一样花式增加个人收益。"他坚信，他的资产会在一年内增加3~4倍。钱就像蜗牛一样，增长得又快又轻松。"对这种罕见的一致性，没人给出令人满意的解释。

诺佩尔特先生怀疑，观察蜗牛时，他精神上得到的放松可能是罪魁祸首。但或许原因更加复杂、更寓意深刻。且诺佩尔特恐怖的死法，不单单是一场愚蠢的意外，而是对错误伦理行为的惩罚。就像中世纪世界法庭的画面中，一个因贪婪而犯了死罪的富人，被不断地喂食钱币而死，诺佩尔特先生也为他的贪婪付出了代价。他这种恐怖的被闷死的方式，就是对他作为金融经纪人贪得无厌的报应。

当人们这样想的时候，《蜗牛专家》的故事无非是关于资本主义的毁灭性后果。那么，发生了什么？某种东西或生物失去了"实用价值"（诺佩尔特先生的蜗牛原本是买来吃的），而用马克思的话来说，被升级为"拜物教"只按其个人意愿无限繁殖。随后，蜗牛过度的繁殖导致了蜗牛的通货膨胀，其结局是这种美味佳肴贬值到令人作呕的地步，而人类则在这种过剩中窒息而亡。

可观的后代数量只是一个方面，蜗牛的爱情生活很难被基督教伦理接受的另一个原因可能在于：许多种类的蜗牛非常勤于实践，它们会让人联想到情色艺术（Ars Erotica），这些姿势与《爱经》（Kmasutra）里端庄的、传教士般的行为大相径庭。许多肺螺类的蜗牛（其中包括勃艮第蜗牛）在它们的生殖器里生成一种被称为"爱之箭"的东西，这是一根根约1厘米长的骨质短刺，这种刺在蜗牛们长达6个小时的前戏中被插入对方体内。早些时候，人们以为这是一种激起性欲的方式，抑或是交尾前给予对方一些钙质，以利于此后卵壳的形成。现如今人们了解到，这种"爱之箭"上的黏液能提高繁殖量。它含有一种荷尔蒙，能够打开另一只蜗牛的输卵管同时关闭交配囊（一种能够筛选和消化外来精子的器官），由此，便将使尽可能多的精子受精成功。

上述这种交配行为已足够令人咋舌，而对于蜗牛来说只是日常活动而已。而除此之外，蜗牛其实还有大量因种类而异的形式多样的交配技能，能让虔诚的基督徒惊掉下巴。比如来自北大西洋的峨螺（*Buccinum undatum*），其阴茎的长度可超过自身外壳长度（外壳可达11厘米）的二分之一；还有产自中欧的大蛞蝓（*Limax maximus*），它们交配时首先会用将近1个小时的时间以一种圆圈舞追逐被动的一方，然后将自己和它用40厘米长的黏液丝缠住吊在树枝上，它们就在半空中摇摇摆摆，像两个高空杂技演员互相拥抱着交配；另外还有生活在我们海岸盐沼的"小老鼠耳朵"（Mäuseöhrchen，鼠耳螺），它们交配的场面会让人联想到萨德侯爵（Marquis de Sade）的情色作品中描述的三人行场景，中间的那只蜗牛同时扮演着雌性和雄性，自己接受一只蜗牛

两只勃艮第蜗牛交配之前互射"爱之箭"

的同时，还与另一只蜗牛交配。

关于为什么蜗牛的性行为在基督教的西方国家备受质疑，还有另外一个原因：所有陆地蜗牛及少数水生蜗牛都是双性的。有些在性行为中时而扮演雄性时而扮演雌性；另外有些，如大蛞蝓和"小老鼠耳朵"，同时扮演雌性和雄性；还有一些，诸如大西洋舟螺（*Crepidula fornicata*），它们一生中性别是会变化的，作为雄性出生，之后变为雌性，老年之前又变回雄性；最后还有一个种类，当它们的种群受到威胁，且附近没有交配对象时，它们就直接在自身体内完成个体受精，并实现遗传特征的延续。

这当然不是什么政治决定，但它确实从根本上质疑了在人类统治的社会，打着婚姻、社会、制度和文化烙印的性别二元论。如人类–动物研究（Human-Animal Studies）中发展出来的科学原则所示，动物不仅被驯养、被食用、被抚摸，还一直被用来肯定或批判人类的社会行为。就像，"男人是否应该多吃肉"或者"一夫一妻制是否是最好的生活方式"，不断地从动物学援引新的研究，以说明这样或那样的人类行为是"自然属性"，且因而是"普遍现象"。相应地，即便是一种动物的性，如斯维特拉纳·希尔德布兰特（Swetlana Hildebrandt）所说，也能成为社会权力关系的"节点"，并从而成为其"协调区"。那么现如今，有这样一种动物，它们整个种群都无视性和性别的界限，这个事实势必成为异性恋捍卫者和与之相关的资产阶级价值观的眼中钉。蜗牛通过它们切实的存在来质询我们对个人、家庭和社会的理解。它们是具象的、爬行前进的异规则批判者。

现在，大家可能想争辩说，古典时期或中世纪的学者应该不可能知道极端反自然本质、反异规则的性政治；事实上，直到前现代时期仍没有太多人知道，腹足纲动物都是双性这件事。不过，要了解蜗牛有双重性别，并不需要进行活体解剖，从它们外表的双重性就能看出来了 —— 湿滑柔软的身体和包裹在外面的壳。

蜗牛的身体很明显是暗示男性的。只需观察常见的菜园蜗牛，当它来到某一段路的尽头，可能是一根树枝的顶端，看它如何站立起来伸直身体，直到它在附近的树枝上找到新的固定点，再将它的壳和身体的其余部分如体操运动员般优雅地缩过来。蜗牛没有用以固定和支撑身体的骨骼结构，它们使用所谓的水骨骼 —— 拉伸肌肉以提高或降低身体各个部位的压力，由此来改变身体的大小和形状。我只知道人类身体的一部分是与之相似的，也只来自社会中的男性一半。博物学家洛伦兹・奥肯（Lorenz Oken）也有过相应的观点 ——"几乎一整只蜗牛，只是一块包皮和一个男性的阴茎"。

尽管如此，蜗牛有一点是胜过男人的，它们可以随意地在几秒之内控制自己勃起。相较于男人无论如何都受制于"性欲的无常"和"海绵体的喜好"，蜗牛就像爬行的通身皆为阴茎一样，将一切把握在控制中。这一点，它们和天国的人很相似，如后古典时期神学家奥古斯丁・冯・希

漂亮的壳——爪哇的陆地蜗牛和淡水蜗牛〔阿尔伯特·穆森（Albert Mousson），苏黎世，1849〕

波（Augustinus von Hippo）的想象。奥古斯丁认为，人类在堕落的情况下（忽略少数例外）才会失去意识对自己身体的控制，并将其交给欲望和本能，也就是今天大家可能会说的"植物神经系统"。

"因为对神来说，用意念催动那些只能受欲念刺激的身体部位，不是件难事。"奥古斯丁在他的世界宗教历史著作《上帝之城》（Über den Gottesstaat）一书中这样写道："如我们所知，现实生活中某些人也具备一些罕见到令人吃惊的非常规特性。比如，有的人能活动自己的耳朵，单独动一只，或两只一起动。还有些人能够随意地不带任何气味地向下排气（放屁），产生的音调之丰富，让人以为他会以这种形式唱歌。"换个说法，这种出现概率很低的特殊能力，如动耳朵或随心所欲地放屁，是那个天国时代的遗迹，那时的人还能控制自己的全部身体。对奥古斯丁来说，是像蜗牛一样，有把握地随着意念掌控引导自己的性行为。时至今日，人们能这样把控的只剩自己的躯干了。也许这么多人看到小蜗牛时感到的根本不是厌恶，而是嫉妒！

蜗牛的身体无疑是男性生殖器的象征，而它的壳从传统意义上来讲是象征女性的。黄宝螺缝状的壳口与女性的外阴相似，在地中海文化中黄宝螺多被用作女性的象征，或在雕刻塑像时用作第一性征的代替品。若女性患有不孕不育，螺壳还可以碾碎入药。此外，古罗马喜剧诗人普劳图斯（Pulautus）等人造出过大量围绕concha（蜗牛壳）和cunnus（女阴）意象和发音相关的双关语。直到今天，西班牙语里用缩写形式conchia（小蜗牛壳）委婉地表达女性生殖器。奥地利变装皇后的名字肯奇塔·沃斯特（Conchita Wurst）也是用了这个双关的含义。

在荷兰巴洛克画家雅各布二世的画作《尼普顿和安菲特里忒》（Neptun und Amphitrite）中，好色的海神没有把赤裸的女神拉到身边，而是向她展示自己的贝壳收藏品，这种性暗示不能更明显了。特别是画面前景中一只女皇凤凰螺，将它肉色的螺壳内部正面朝向观众，而在后方远处，一个好奇的爱神正用食指逗弄一只鹦鹉螺（Nautilusschnecke）。

关于这个素材最出名的现代新版演绎中也是表面上围绕蜗牛展开。在007系列电影的第一部里，瑞士女演员乌苏拉·安德斯（Ursula Andress）像生于浪花的阿芙洛狄忒，踏着加勒比的海浪登岸。其装扮在当时来讲亦是非常前卫，穿了乳白色纯棉比基尼，佩带了一柄潜水刀。另外，还手持两

在荷兰巴洛克画家雅各布二世（Jacob de Gheyn II）的这幅画上，海神尼普顿在引诱海后安菲特里忒

个女皇凤凰螺。安德斯在影片中角色的名字是哈尼·雷德（Honey Reder），听起来很有情色的意味。这是一个自称靠采贝谋生的姑娘。

　　　哈尼·雷德："你在这做什么？找贝壳吗？"

　　　詹姆斯·邦德："不，我就看看。"

由此，早期邦德女郎的作用被勾勒得十分清晰，哈尼·雷德是邦德女郎这一角色的最初样板。她们来自无底的深海，是男性眼中赏玩的对象。她们自身有缺陷，一个空位 —— 一个待被填满的壳。然而，就像（弗洛伊德）关于有牙阴道的神话里所说，人们不能确定在诱人的贝壳口后面，幽暗的洞穴里到底藏着什么。

当我们考虑到蜗牛的色情、湿滑和性行为的多姿多彩，不禁会问，它们真的适合做宠物吗？它们对发育期的孩子来说，难道不是可想而知的坏榜样吗？它们性行为的场面难道不会进入孩子们的潜意识，并在那里生根发芽吗？换句话说，若马以其强壮健美的身体和阳性生殖特点非常明显的鼻子教会发育期的女孩子认识异性恋行为，那么，蜗牛教她们找很多性伴侣、同性恋和性别倒错？

这些我并不知道。我也必须承认，皮普希、安娜贝尔、乌多和黑格尔没在我家住得久到能够影响我女儿的性格发展。大概在乌多去过苔藓垫下面3周以后，它产下的那些白色小球开始爬满了鱼缸侧壁。它们目标明确，起步走向自由和光明，朝着鱼缸顶盖的通气孔爬去。那气孔的直径是经过我测量和计算的，虽然成年勃艮第蜗牛是逃不出去的，但对于几乎像大头针的圆端那么大的蜗牛宝宝来说，就起不到什么严肃的阻挡作用了。当皮普希和安娜贝尔，最后连黑格尔一起，跟着乌多的步伐爬去苔藓垫下，尔后我发现越来越多的新卵时，我开始害怕了 —— 成百上千的蜗牛离开鱼缸，毫无阻碍地遍布我家……为了不遭受和诺佩尔特先生同样的命运，我怀着沉重的心情把我们的勃艮第蜗牛和它们的后代一起放生了。我走到公寓后院，在一棵大树的树荫下用树皮给它们盖了个新家。

　　如果它们还没死，那么它们至今还在那里繁衍。

小憩

建筑

4月里一个周五的早晨，经过了几天不正常的温暖后，一夜间又变得细雨绵绵、冷风习习。伯尔尼的老城区一片死寂，就连艾格尔峰（Eiger）、僧侣峰（Mönch）和圣母峰（Jungfrau）都躲在云后不肯出来。我坐在熊广场旁边的一家咖啡馆里，面前的桌子上有两个杯子，杯子之间是一个像奶油圆蛋糕（古格霍夫）那么大的东西，从远处看确实会以为是一块烘烤时间不足的蛋糕，螺旋状、有淡黄偏白的色泽。这其实是不能吃的，是用泡沫材料、胶和轻木做成的，它是一个按比例缩小的蜗牛房模型。

坐在我对面的是这个模型的发明者和制造者 —— 克里斯蒂安·霍斯曼（Christian Hosmann），他晒成了棕褐色，作为一个发展合作协会的负责人，他常年周游世界，印度、尼泊尔、中非……也许正是因为这样，他向往家乡、出生的地方，向往一种只有软体动物才能察觉到的保护的主观感受。除此之外，他和他的建筑师妻子杰奎琳·霍斯曼·帕利亚隆

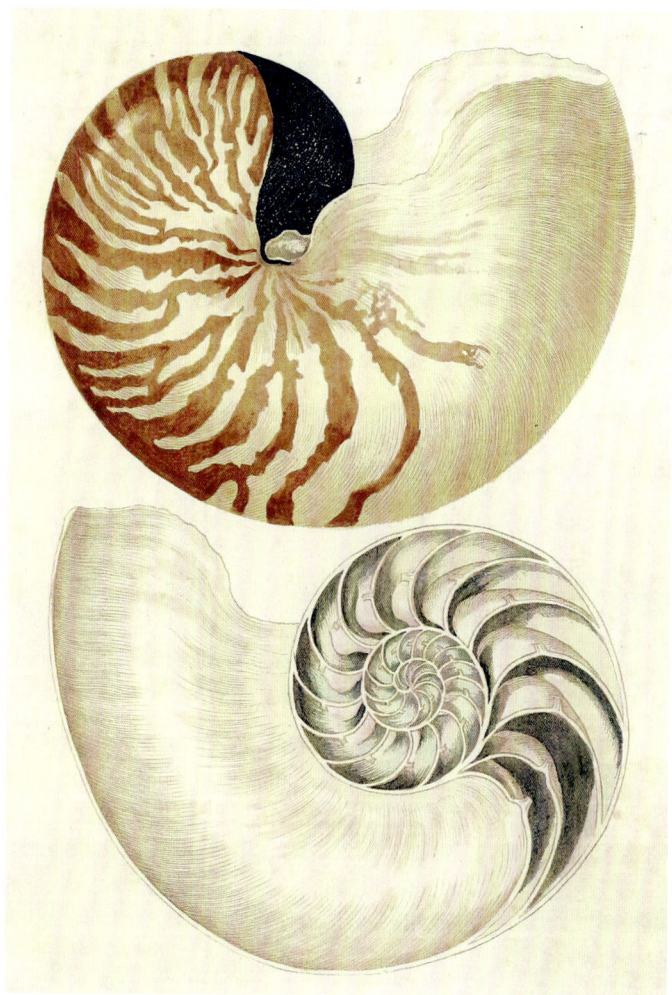

1757 年的一幅表现鹦鹉螺的画作。鹦鹉螺体内空腔的作用和潜艇的浮力舱一样，控制沉浮

加（Jacqueline Hosmann Paglialonga）组建了一个火山项目组，致力于有机建筑的记录和研究。桌上这个螺旋状的古格霍夫蛋糕模型就是他的单户住宅模型，霍斯曼先生结合了古希腊神话中"永无止境的旅程"和鹦鹉螺壳的形状，将它命名为Argonautilus[1]。

有那么一刻，我脑子里闪过一个坏念头 —— "我在伯尔尼和人讨论蜗牛真是再合适不过了，毕竟瑞士首都的人民是以他们从容不迫的语速著称的"[2]。也许是因为我已经在伯尔尼住了一周，已经适应了当地的语速，也许在德雷埃根诺森酒店（Drei Eidgenossen）度过的漫长一夜使我的语速降低了。总之，现在对我的耳朵来说，霍斯曼先生说的德语听起来舒服、流畅又亲切。

他为了清楚展示内部结构，将模型的顶盖取下，说道："蜗牛的壳有很强的象征力，它给软体动物（特别敏感脆弱的身体）提供了最大的保护。我相信，没有人会说螺壳不美。

1　Argo 即古希腊神话里的船，阿尔戈号；nautilus 即鹦鹉螺 Nautiluss-ch-necke。——译者注

2　瑞士人的德语口音很重，且语速慢，这一点常被德国人拿来开玩笑。——译者注

蜗牛在壳里总有一种强大的"呀呼"效应，不论孩子还是成人都抵挡不住大声呼喊的乐趣。另外，霍斯曼先生说，软体动物的壳会让人想起自己第一个、最初的居所，"我们最初是穴居动物，大家最初都来自一个圆形的子宫，我们知道这种感觉。当人们想拥有一种舒适的居住感，可以在一个圆形、螺旋状的建筑里将这种感觉最大化。它有一种别样的空间活力。"

与之相应，霍斯曼的 Argonautilus 里面没有一堵真正的隔断墙，蜗牛走廊的拱形墙壁上挂了幔帐，将房子的一层分成了（心理上的）8个房间。在房子的中间，一座旋转楼梯直通房子的顶点，旋梯终止处是一块闪闪发亮的天窗。壳入口处装上了玻璃，壳的其余部分都安了小窗户，像只软体动物将自己与世隔绝。和许多其他的现代办公和居住建筑一样，这是一个在设计中考虑到通透度和采光的玻璃建筑。

不过，一个圆形的、有机形式也不只给人舒适的居住感，还带来了大量的技术难题。其中之一就是不能使用现成的标准配件，卫浴方面的挑战巨大，因为通常的成品管道根本不能用，必须花重金改制成适合螺旋形状才行。窗户也要按照霍斯曼的想法做成拱形，所以每扇窗户都要单独定制。

霍斯曼优雅地微笑着说："这真是个笑话，人们要回归一种原始的生活，但为了真正将它实现，却需要许多技术知识。"

接下来的问题来自音效。"在这样的空间里，声音是怎样的呢？"模型的制造者这样问道，并显得对答案很好奇。"一个螺旋体就构成了一个扩音器，这房子的声音听起来可能像一个圆号。"螺壳应该是世界上最早被使用的天然喇叭之一。

最后一个，也许是最大的问题，就是材质。蜗牛自己的壳是从顶端开始，经过许多年，通过自身分泌一种名为霰石的钙质材料慢慢筑造而成。人类既不能分泌钙质，又没有耐心终其一生来修筑房屋的外墙。霍斯曼认为"最简单的就是用钢筋混凝土来建造"。墨西哥建筑师贾维尔·赛诺西（Javier Senosiain）的巨型鹦鹉螺独宅也是用大量钢筋混凝土和聚氨酯泡沫建成的。作为有机建筑的拥护者，霍斯曼当然首选周边环境里的材料，"最好的办法是用夯土，利用挖掘出来的土壤来建造房屋"。他想用酪蛋白来做防水，这是一种凝乳和奶酪中都包含的，源自牛奶蛋白质的混合物。地板的木材主要来自伯尔尼西南的施瓦尔岑堡（Schwarzenburg）地区。但第一步，他可能是要用探泉叉来选择修建地，以确保

爵士乐作曲家和螺号演奏家斯蒂夫·图雷（Steve Turré）

房子不建在泉眼上。软体动物们喜欢潮湿的环境，但对于寻求舒适感的蜗牛房居住者来说，多水的地基显然不是个好选择。

我们可以简单地把霍斯曼看作一个神秘人，对他置之不理，把他的Argonautilus计划当作空中楼阁。但他这种灵感源于软体动物的建筑却有历史悠久的传统 —— 在伯尔尼向西约50公里，近法国边境的拉绍德封（La Chaux-de-Fonds），建筑师勒·柯布西耶（Le Corbusier）于1887年出生于那里，他被誉为现代蜗牛房建筑的先驱者和奠基人。

　　大多数人可能会把勒·柯布西耶这个名字与所谓的居住机器（马赛公寓）联系在一起，它以其标准化、批量生产的公寓缓解了20世纪50年代的战后住房紧张。而除此之外，勒·柯布西耶对有机造型非常感兴趣，尤其是蜗牛和贝壳的形状。所以，他从20世纪20年代就已经开始收集软体动物的壳，被冲到海边的贝壳和其他来自大自然的东西，这些东西一再激发他的建筑灵感。在蜗牛壳抽象的对数螺旋线的基础上，他在20世纪30年代设计（并未实际建成）了世界知识博物馆曼达纽姆（Mundaneum），在一个数公里长的螺旋形长廊里展示全部人类创造的发展历程。另外还有无限生长的博物馆（Musée à croissance illimitée），它像一个螺旋的蜗牛壳，通过建筑"口"处不断扩建，整个建筑能无限扩展。建筑评论家尼可拉斯·马克（Niklas Maak）说"海螺的造型就好像是通过他所有作品形成的隐形的思想架构"。

　　特别是，勒·柯布西耶的蜗牛壳造型以模度（Modulor）比例系统为基础，这个系统于1948年发布，具有广泛的影响力，运用这个系统的建筑师们能建出尺寸最和谐、最适合人类的建筑。这是柯布西耶为了解释这个系统而作的著名示意图，在图左侧站着一个向上伸直胳膊的人，他指尖距离地面

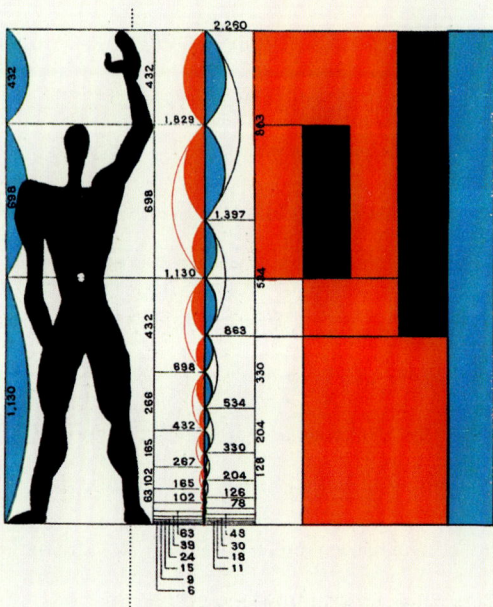

勒·柯布西耶的建筑比例体系模度

刚好226厘米，柯布西耶认为这是居住单元的最佳高度。图
右侧是互相嵌套的被黄金分割出的矩形，令人联想到建筑的
平面图。图中间，也就是人和几何线条的中间，是一条不断
向天空方向蜿蜒变化的蜗牛螺旋 —— 它应该是用冷冰冰的
算术与人体比例相调和。勒·柯布西耶用比喻的方法这样解

释了模度的产生："在我用以设计的手中，数学关系变成了一条和谐的螺旋线，一个理想的贝壳艺术品。"即便是勒·柯布西耶以严格功能至上的设计著称的现代主义建筑，也在潜意识里以这种源于自然的比例为基础。马赛公寓不仅是冰冷的居住机器，还是舒适的蜗牛壳。

勒·柯布西耶，以及通过他而留下的蜗牛痕迹在现代建筑史上的影响不可忽视。弗兰克·劳埃德·赖特（Frank Lioyd Wright）设计的、位于纽约的古根海姆（Guggenheim）博物馆以其引人注目的螺旋造型让人想起日本的奇异宽肩螺（*Thatcheria mirabilis*）。丹尼尔·李布斯金（Daniel Libeskind）设计的位于伦敦的维多利亚和阿尔伯特（Victoria und Albert）博物馆，以蜗牛形状为基础呈大螺旋状。由本·范·伯克尔（Ben van Berkel）设计的位于斯图加特的（偏偏是标榜速度和动态的）梅赛德斯-奔驰博物馆，以坡道和螺旋充分体现了受勒·柯布西耶和蜗牛的影响。而且，诺曼·福斯特（Norman Foster）改建柏林的国会大厦时，使它变成了一个有旋转坡道和玻璃穹顶的建筑，完全体现了格拉斯的《蜗牛日记》的精髓，象征了民主决议的缓慢，比议会大厅里悬挂的鹰徽寓意更深。

"热衷于纵向拓展"是欧洲现代大城市的经典特色，这种不断增长的高度被本·范·伯克尔等一众建筑师用卷曲和螺旋打断了。马克说"他以螺旋状的房子来反对垂直向上的摩天大楼设计，它们没有楼层，只有平面，很少有边界，相互交叠"。另外，勒·柯布西耶对现代建筑的影响还表现在对"内与外、开放与封闭、公共与私密"这类二分法的逐渐消解，在古典欧洲建筑传统中，这些领域的界线是被清晰标出的 —— 通过一扇门、一个门廊或者栅栏。蜗牛房则恰恰相反，它用不断收紧的、迷宫般的螺旋结构使这些边界变得含糊不清。李布金斯说"蜗牛房不秉承'非此即彼'的原则"。[大家能注意到，我们讨论的这些都是非住房。勃艮第蜗牛冬眠时，会用一块钙质的口盖封住它的壳；菜园蜗牛会用一片干的黏膜片盖住壳入口；前鳃亚纲的蜗牛（Vorderkiemerschnecke/ Prosobranchia），足部常年会有一个角质的盖，当发生危险时把壳封起来。]

在蜗牛壳的榜样作用下，越来越多的现代建筑都没有了门槛，这成为现代建筑的一个典型特征。门槛逐渐被"过渡空间"（劳伦特·斯塔尔德，Laurent- Stalder）所取代，一般是自动旋转门、热风机、指示牌和其他一些软边界来标记。

当一只蚂蚁爬进一个空的蜗牛壳时，它什么时候在里面？当我们踏入位于波茨坦广场的巨大穹顶之下，何时才算进入索尼中心呢？在大型购物中心里，我们何时离开了公共空间，进入了私营业主的区域呢？城市的空间不断被这种像蜗牛壳一样，带有软边界的建筑占据，而且这些建筑的业主中不乏后资本主义的追捧者。

门槛的消失可能是现代城市发展最典型的标志，当然大部分原因可归结为蜗牛壳对建筑的影响。在阿拉伯世界，大概是细长、高耸的锥螺壳被用作修建伊斯兰寺院尖塔的范本。大家可以想一下，位于伊拉克萨马拉（Samarra）大清真寺的螺旋塔；卢瓦尔河谷，达·芬奇依据来自涡螺（Volutidae）的灵感设计了双螺旋楼梯的香波堡（Chambord）；还有博罗米尼（Borromini）设计的在罗马的圣卡罗教堂，其外形源于笔螺给予建筑师的灵感。[笔螺（Mitraschnecke）以顶部形状与天主教大主教的帽子形状相似而出名。]

腹足纲动物卷曲的居所影响了旋转楼梯和塔式建筑，这是可以理解的。更让人惊讶的是，500年前，一张蜗牛壳样式的图成了一座城的城市规划稿。16世纪中期，法国学者兼艺术家伯纳特·帕里希（Bernard de Palissy）也许是考虑到哈布斯堡王朝和法国之间的矛盾可能会演变为战争，所以打算"设计一个即便在战时，人们也能确保生存的城市"。与400年后的勒·柯布西耶一样，帕里希认为人类建筑的理想模式能够在模仿自然界中获得，而且这个生活在文艺复兴时代的人还像现代派一样，在寻找样板时来到了海边，在这里他找到了问题的本质，"上帝给了蜗牛们这种艺术能力，它们每一只都会造一座房子，而其中涉及的几何学和建筑学，是所罗门¹在他所有的智慧格言中未曾提及的"。

帕里希最终设计的这座城市[可能是基于骨螺（Purpurschnecke）的模型]，由一座单体建筑组成 —— 一个无限延伸、长长的联排式住房，以中心广场为起点呈螺旋状不断向外扩大，这个被保护的中心应该是总督的官邸所在。蜗牛房所有的窗户和入口都朝向内侧，房子的外墙同时构成城市的城墙。由于城市里只有一条贯穿全城的螺旋状狭窄弯曲的街道，敌人在这样的街上射击是徒劳的。在防守的情况下，居民能像软体动物一样，撤回到城市最里面，即便外面的部分被敌人占领了，这个至关重要的中心，权力的位置，依然是被保护

1　所罗门是耶路撒冷一代帝王，后在《古兰经》中被奉为先知。——译者注

壳的形状能说明生活和防御的方式。刺螺的棘刺是为了威慑捕食者

朝鲜笔螺会用尖锥形的壳钻进沙子里

的。帕里希说："你必须明白，有很多长着尖嘴巴的鱼能够吃掉多数壳为直线形的软体动物（多为贝类），但当软体动物在壳口遇见敌人，并马上缩回螺旋状的壳里，它们就不会受到伤害。"

这话听起来有理有据，是从生物的角度来分析的，但可惜并不完全正确。当然，蜗牛壳可以抵御天敌，陆生蜗牛还会用壳来抵御干燥和寒冷。它的螺旋状归功于保护层是随着蜗牛出生时自带的骨骼框架的长大而不断增长的，蜗牛可以不断向外扩建，不必暴露它脆弱的身体、不必离开保护壳，蜗牛越大，它的壳越宽，螺旋越多。

因为蜗牛在每个生命阶段都不断填满它的壳，所以要缩进堡垒深处还是挺受限的。实际上，带壳蜗牛尽管有护身铠甲，也总是沦为猎食者的盘中餐，不只是鱼，还有鸟、昆虫和其他蜗牛。比如，画眉鸟会用喙先把一只像乌多那样的雷默瑞丽蜗牛衔住，然后一直往一块石头上敲，直到蜗牛壳碎了为止。（进行这种屠杀的地方到处都散落着碎蜗牛壳，人们还冷血地给这种地方取名为"画眉鸟锻造场"。）以食用同类为生的玉螺（Mondschnecke）是用一种分泌物将猎物的壳软化，然后用它的齿舌在壳上钻孔，再直接把吻伸进孔里，把那只蜗牛吃掉。还有一种同样不怎么顾及阶级团结的大蒜锐唇螺（Knoblauch-Glanzschnecken），用腹足紧紧抓住猎物的壳，把头从壳口伸进去，将里面的蜗牛活生生地搜出来，无论壳内的螺旋多么多。

我们并不知道帕里希的惊人观点在当时是否为大众所知，但可以确定，他设计的蜗牛形状堡垒城市从未被建成。不过至少，他在1570年至1571年改建了杜乐丽花园（Tuileriengarten），在为凯瑟琳·德·美第奇（Katharina von Medici）工作的过程中，修建了一个同样让人觉得是蜗牛壳的装饰岩洞。帕里希的设计不只模仿了蜗牛壳螺旋状的平面布局，还有蜗牛壳独特的表面质地，墙体外侧使用未经雕琢的岩石块，内表面用的是平滑、有光泽的珐琅涂层。加斯东·巴什拉说："人类想住在贝壳里，他们希望保护他们生活的墙壁内侧是一体的、光滑的、封闭的，好似敏感的肉体能够接触到房子的墙壁。"按这种说法，这是回到了出生前的安全空间，这是一个人造子宫（那个人们早前认为是螺旋状的器官）。

这种来自"人类想象中坚不可摧的旧货市场"（*unzerstör-baren Gerümpelmarkt der menschlichen Phantasie*）（巴什拉语）的

选择困难？两只中美洲雷默瑞丽蜗牛混在 12 个空蜗牛壳里

想法无疑具有一定的吸引力，却让人注意到软体动物的保护壳的作用和人类对居住空间的诉求完全是两码事。并不是所有对一个黏糊糊的软体动物身体好的东西，对穿了衣服、知道廉耻，还背负着一些文明包袱的脊椎动物也是好的。例如，没有记载表明凯瑟琳·德·美第奇曾赤裸身体进入她的岩洞，用敏感的肉体摩挲岩壁。其他模拟自然的建筑师也经常面临一些实际的问题，居住在贾维尔·赛诺西的巨型鹦鹉螺独宅里的人首先必须放弃使用传统家具，因为这座房子的墙壁都是像海螺壳一样的弧形，没有柜子或其他直边的家具适合放在里面。

这也许最能说明，蜗牛壳和人类模仿蜗牛壳建造的房子之间存在本质区别，那种想通过住进螺旋形的房子从而实现回归自然状态的渴望，即便不是错误的，从哲学角度来讲也是备受质疑的。蜗牛的壳不是能与它里面的居住者"分开"的东西，它容纳的包含了肺、肝、心脏和其他生命必要器官的内脏囊，这些器官通过一根细细的纽带同我们所能看见的腹足连在一起。因而，壳是这动物自身的一个组成部分，是它的"外化的自我"（马克语）。或者，像安徒生童话《蜗牛与玫瑰树》（*Die Schnecke und der Rosenstock*）的女主人公那样表达更为深刻，每当她要缩回壳里之前，她都会说："我要回到我自己里面。"

在中世纪，蜗牛与壳之间的关系常被比作灵魂与肉体的关系。象征学家路易·夏博努-拉西（Louis Charbonneau-Lassay）说："当灵魂离开了肉体，肉体将变得动弹不得。同样，当蜗牛壳里面的部分离开了壳，壳也就不能再动了。"所以，把蜗牛壳称为"房子"，并把蜗牛称为"居住者"（这个概念说明它能按自己的意愿随时离开），这种说法是非常不准确的。那种说蜗牛造了自己的壳的说法，就像说人建造了自己的指甲，猫修建了它的皮毛一样，是错误的。蜗牛壳，按照诗人保尔·瓦雷里（Paul Valéry）的话来说，不是"制作出来"的东西，而是"长出来的"东西。"没有什么事情比我们那种有组织的、把目的作为行为原因的行为方式，更与之背道而驰的了。"

或许，蜗牛壳因此不太适合根据目标采取行动的建筑师，而更适合做艺术家的灵感源泉。至少在艺术家们浪漫古老的想象里，他们的作品同样是"出于他们自身的"，作品从艺术家们的心灵深处流淌出来，就像软体动物从壳里滑出来。正像蜗牛分泌钙质，艺术家们会生产艺术，艺术源于艺

到底是谁创造了它？泡蜗牛科（*Bulimulidae*）的华丽蜗牛壳

术家的生活和经历，它们之间是不能分割的。艺术作品成功的标准，是能够揭示外在形式和内在内容之间的联系，而这种联系，是软体动物轻而易举就能实现的。瓦雷里说："也许，我们在艺术中所谓的完美，无外乎是一种感觉，即在一个作品中看出或发现制作工艺的精湛和内在起源的必然性，以及……外形和内容之间不可忽视的联系，而这种联系，连最小的蚌都能呈现给我们。"

若一位作家、画家、音乐家像蜗牛分泌黏液一样自然地从他们的毛孔、身体、后背流淌出他们的作品，那么自然会产生一个令人不适的问题："到底是谁做了这件事？"瓦雷里很惊讶地就蜗牛壳发问了 —— 这东西到底是谁做出来的？我有时候也会对着一篇拿在手里的文章，像翻看从沙滩捡回来的贝壳一样，自言自语地问自己，真的是那个名字被写在封面上的人写了它吗？还是舆论、时代精神、集体潜意识，或者缪斯写的？

我自己也写出过那样的书吗？或者，我只是把它分泌出来，不断地制造一个由字母组成的铠甲？这文章是我的硬皮，我的外壳？是我为了能在写作的洞穴里得以安宁，而推到洞口的一块石头吗？

随着这么拧巴的思绪，天色渐晚。我必须得赶上最后一班去北部的火车，霍斯曼先生也必须回家了。他把他的蜗牛梦之屋模型放进挎包里，轻木结构看起来那么易碎，但却惊人地稳定结实。我感谢他抽时间与我见面，特别是在这样一个节日里……这一刻，我才突然意识到，这个日子与我们的谈话多么契合。按照教会年历，那天是耶稣受难日。复活节不仅是关于耶稣死去和复活的节日。

它也是蜗牛的节日。

最后冲刺 死亡与重生

倒带，收回前面所说的，请各位忘掉那些话并原谅我说了它们。因为蜗牛有鲜明的性关系和超乎寻常的繁殖力，它们简直就是理想的家庭宠物。它们漂亮，又容易饲养。它们不会汪汪、喵喵、吱吱乱叫；不会用尖尖的爪子抓坏沙发，不会用湿爪子把地毯踩得一团糟。它们的外貌看起来比水族箱里的热带鱼还要安静。若它们时日已到，便安静地缩回壳里寿终正寝。

这听起来可能讽刺，但是曾给狗送过葬的人，或曾经不得不向孩子解释为什么小猫全身僵硬地躺在角落里的人，都会明白"不引人注目的死亡形式"对于宠物来说是多么可贵的特质。没有冰冷的尸体，没有无力下垂的触角，没有僵硬的龇着的牙，只有一个小小的螺旋状的墓碑。人们几乎会觉得，它还住在里面。

也许它确实住在里面。蜗牛它真的已经死了吗？还只是睡着了呢？它还活着吗？

确实，蜗牛不只象征迟钝懒散、惹人讨厌、情欲满满

短暂易逝的象征，却也是新生之兆——带有蜗牛的静物画。
巴尔塔萨·冯·德·阿斯特（Balthasar van der Ast）（约 1635）的作品

和不染原罪受孕这些很难统一的特点，它还总被当作基督复活的象征。这种说法首先出现在德尔斐神谕（das Delphische Orakel）里的一些表达，且在3世纪伊始被神父德尔图良（Tertullian）修改后与基督教融合。这种关于蜗牛能复活的说法归因于一个事实——许多真肺目（Lungenschnecke）种类的蜗牛在冬季会缩回壳里，用一块称为冬盖（Epiphragma）的钙质膜将壳口封住，只有到了春天（正好是基督复活的季节），才再冲破这个盖重新回到光明中，就像当初耶稣基督从坟墓里出来一样。

　　实际情况被赋予了特殊的意义，日历上的冬季有3个月，而被钉在十字架上的人在升天之前，在寒冷的墓穴里苦挨了3天。实际上，软体动物的冬眠时间会因地域和气候的原因变得很长。当我10月中旬拜访格勒家的蜗牛农场（在冷得臭名昭著的施瓦本高山牧场）时，由于前一夜的大幅降温，大多数的蜗牛都已经缩回壳里。在休眠阶段，蜗牛把它们的脉搏降低到每分钟只有少少几下，在长期寒冷或干旱时期，有些种类的蜗牛甚至连续几年时间都处于这种状态。毫不稀奇，人们起初会以为它们死了，等它们再次出现生命迹象时，人们会相当惊讶。

　　因为蜗牛是象征复活的动物，所以直到加洛林时代都是备受欢迎的陪葬品。在基督教艺术中，它们也留下了印记，比如在纽伦堡新教圣赛巴尔德大教堂，以其名命名的城市守护圣徒的墓碑安放在12只蜗牛石雕上。同在纽伦堡，传说中的恐怖祭坛（Angst-Altar），我们可以看到复活的基督脚边有两只爬行的蜗牛（第三只蜗牛的壳像后面的坟墓一样，已经空了）。在萨森贝格祭坛（Sassenberger Altar）（位于明斯特的威斯特伐利亚州博物馆内）上，在受难的救世主的头部上方，在他的灵光的高度，有一只标志着战胜死亡的雷默瑞丽蜗牛。

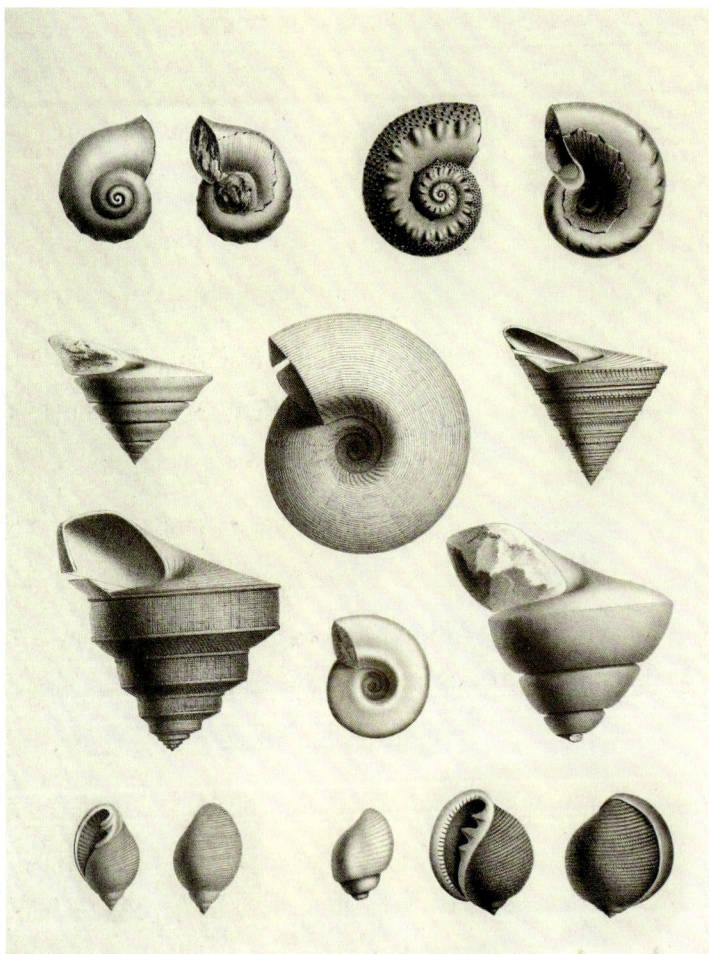

永恒的美。19 世纪中期在日内瓦地区出土的侏罗纪蜗牛化石

这些表现形式，都非常明显地展示了蜗牛和基督救世主的相似性 —— 像主一样，它们牵引着自己的命运，将自己的十字架、自己的墓碑背负在背上，像主一样，它们缩回壳里不是终结，而是新的开始。

又或者，蜗牛或许不是像圣子，而是像圣父本人？我们再来观察一下弗朗切斯科·德尔·科萨的画作《天使报喜》，非常明显，画面上的蜗牛与画左上角天空中的圣父大小一致，他们俩还有一模一样的外部轮廓；蜗牛的壳与圣父的头相呼应，蜗牛的头和触角呼应了圣父伸出的手。此外，通过报喜天使伸出的手（整幅画的中心）形成一条对角线，这两个形象彼此对称地联系在一起。蜗牛在地上做着神在天上做的动作。

中世纪神学家一直研究的一个核心问题是：为什么上帝在救赎历史上花费了这么多时间。若无所不知的他清楚地知道，自原罪灾难开始，死亡和艰辛笼罩着大地，并有越来越多的灵魂在人间炼狱受煎熬，那么为什么他不早些把救世主派往人间呢？为什么让人类在耶稣基督"化成肉身、死亡、赴死亡国度救赎被抓的无罪灵魂"之前等那么久呢？据达尼埃尔·阿拉斯猜测：弗朗切斯科·德尔·科萨的画可能给出了答案 ——"蜗牛可能是一个很好的媒介，用来提醒我

们……上帝以如此惊人的方式化成人之前，是处在一种何等
从容不迫的状态里。"换句话说，上帝像蜗牛一样行动缓慢。
反过来说就是，蜗牛的缓慢是神圣的。

启蒙时期的哲学家虽然竭尽全力要终止这一切迷信，并
努力将人们从他们咎由自取的蒙昧蜗牛壳里拖出来，然而，
就连伏尔泰都必须承认，就算蜗牛不具备神的特质或不死之
身，它至少具有非常强烈的求生意愿。

1768年春天，这位被称为理性之光的哲学家进行了一系
列切断实验。在此过程中他对20只金棕色无壳蜗牛和12只
带壳蜗牛执行了法国大革命最推崇的刑罚 —— 砍头。另外
还有8只，只被他切下了头的前部和下面的一对触角。伏尔
泰的实验目的在于，想验证蜗牛的头是否会重新长出来。他
在写给意大利砍蜗牛头领域的研究者和先驱拉扎罗·斯帕拉
捷（Lazzaro Spallanzani）的信里面写道："15天以后，有两只
无壳蜗牛的头渐渐又长了出来，它们已经开始吃东西，并且，
它们的4个触角也长出来了。我的带壳蜗牛里只有一半死了。
其余的开始爬行，爬上墙壁，伸长脖子，但是除了其中一只，
它们都没有再长出头的迹象。"

虽然伏尔泰用"蜗牛没有头也能好好活着"来证明"它

们（和人类与其他动物不一样）是没有灵魂的"，他说"谁能来给我说明一下，四个触角都被切断了，灵魂是怎么待在一个动物身体里的"？但他不得不承认，蜗牛这种不屈不挠继续生存的状态，甚至重新长出头来，真的是很难解释的奇迹。"当我砍下蜗牛的头并开始观察，自然规律变得黯然失色。自神圣的狄奥尼索斯（Dionysius）之后，再不曾出现过如此神奇的事情。"（按照传说，殉难者狄奥尼索斯在被砍头之后，拾起地上的头颅，并手持头颅一直走到他想被埋葬的地方。）

实际上，有件事很神奇，就算是激烈的反圣职者、圣经批判者伏尔泰，也没能摆脱像光环一样围绕着蜗牛的基督教式的联想。

可以确定的是，蜗牛一再延续它的生命是为了救赎人类，使其摆脱痛苦。将它们比作神明或完全比作救世主，着实有争议，但蜗牛有治病功效，却是人们广泛的共识。

老普林尼提出：蜗牛的黏液和壳有取之不尽的功效。针对头疼他建议"将被切下的蜗牛头"研碎并敷在额头上。在"有黑眼圈"时，应该将活蜗牛烧死，并将"剩下的灰与克里斯特岛的蜂蜜调和成药膏"用来敷。从蜗牛角中提取的细小颗粒是治疗牙痛的良药；蜗牛壳粉末对牙龈健康有好处；流鼻血时应该将"从壳里拽出来的蜗牛塞进流血的鼻孔"。老普林尼的药方不只局限在外用,针对治疗咳嗽、流涕、体弱乏力、精神错乱、头晕目眩、气短咳血、脾虚、痛经,他建议,偶尔使用活蜗牛,大多数时候将其煮熟或者焙干,再与玫瑰酒或鱼汁调和后服用。若是胃疼则要注意,"取蜗牛奇数个",这表明,除了医学经验还有大量的魔法思想参与其中。

中世纪和近代早期的民间偏方都偏爱以软体动物为基础的神药,就连18世纪的策德勒(Zedler)《普通百科辞书》(*Universal-Lexicon*)里都再现了许多未经修改的老普林尼药方。直到四体液学说式微以及学院医学影响渐强,蜗牛治病的意义才逐渐减退。赫尔曼·吕恩斯(Hermann Löns)嘲讽道:"顺便说一句,在某些地区人们用这种动物制作一种极好的止咳药,首先在上面撒糖,然后将用这种简单方法制成的浓缩汁给病人灌下,病人害怕再吃这种药,马上自己抑制住了咳嗽。"

在此期间,内服的药方几乎已经完全消失了,在外用方面,蜗牛及其黏液却一直被用于治疗疾病。治瘊子,有一种有效的土办法,就是将一只蜗牛(最好是在满月时)放在患处爬。蜗牛霜,如西班牙的蜗牛霜(Baba de Caracol)除了能治瘊子，还能祛粉刺、祛妊娠纹，预防皱纹产生，除疤痕，消除日晒斑纹。在东京的高端美容沙龙（Ci：z.Labo），富人可以让活蜗牛在脸上实施治疗。据称，蜗牛会啃掉脸上死去的皮肤细胞，清洁毛孔，保湿、镇静，以其富含蛋白质、抗氧化物和透明质酸的黏液作为天然的抗衰老佳品。5分钟的治疗价值1万日元，约等于70欧元。

不过，将蜗牛的治疗效用利用得更多的是东非的查加人（Chagga），他们是一支来自今天坦桑尼亚的从事农业的少数民族。按照他们的传说，有一只巨大的蜗牛通过在尸体上爬行并将黏液渗入其中，能够使死者复活。

当查加人发现了蜗牛黏液的这个功效，就定期把死者运到那个森林，让住在那里的巨型蜗牛帮他们复活。敌方部落的首领感到非常惊讶，为什么他的对手就是不减少？对方是如何做到以不变的参战人数作战的？一个性格懦弱的查加妇女告诉了敌方首领这个无限复活的秘密，这位首领便派战士去杀巨型蜗牛 —— 战士们用标枪刺穿了蜗牛的身体。

自此，长生不死就不复存在了。最终，一只蜗牛不能爬过自己的身体，并用黏液滋养自己，它至死也没能做到。面对死亡没有蜗牛能长大 —— 蜗牛也逃不过一死。在良好的

插图源自 1234 年出版的收集教皇的教令和信件的集子——《史密斯菲尔德教令集》（*Smithfield Dekretals*）。怪诞的插图是在出版约 40 年后补充进去的

饲养条件下，如勃艮第蜗牛这类大体形的蜗牛大概能活 20 年；野生环境中，即便不遭遇天敌、贪婪的收集者或毒杀蜗牛的药物，它们也只能活到这个年龄的一半。如雷默瑞丽这类的小体形蜗牛死得甚至更早——动物体形越小，预期寿命越低。若忽略它们了不起的外壳，它们还剩些什么呢？它们留给我们什么？它们又教会我们什么？

　　高度的感知。我用一种想法安慰自己，即蜗牛因为它们的慢而获得了特别强烈的生活体验。它们通过悠闲地向前移动，能够尽量享受和拉长属于它们的时间。

我喜欢慢慢的，

我从不喜欢快，

对你来说，时光匆匆，

对我来说，光阴永恒。

就像莱昂纳德·科恩（Leonard Cohen）在一首歌颂蜗牛特性的歌里面所唱的：只有傻瓜才拼尽全力向前冲，直奔坟墓；行动缓慢或干脆爬行的人，享尽了此生每一个瞬间，充分体会了生命的厚度。它品尝生菜叶子每一根细小的纤维，它细嗅每一个腐烂的苹果，它能感觉到地面的每一处不平坦。有人怀疑，它几个小时、几天甚至几年时间就那样一动不动趴在原地。

深刻的思考。动画片《小蜜蜂玛雅》（*Biene Maja*）里唯一一个大学毕业的动物亨利希博士是一只蜗牛，这是一个偶然吗？一个思辨的问题，当然，谁能像一个腹足纲动物那样认真地在移动每一步前都深思熟虑。"一只爬行的蜗牛是何等庄严，何等深思，何等严肃。"博物学家洛伦兹·奥肯声称"蜗牛无疑是沉睡于内心深处的精神的崇高象征"。实际上，蜗牛一年中大部分时间都名副其实地"回到自己里面"，在壳

（即扩展的自我）里度过，它们完全在自己的世界里。但这不代表它们的大脑是不活跃的。在陷入冬眠或者由于干旱造成的休眠之后一个月，它们的神经还在继续震动，蜗牛思考虽很慢，但非常持久。

安静的状态。 蜗牛用它钙质的壳完美展现了作家霍姆·弗里博（Holm Friebe）所描述的"石头战略"，"虽然，谨慎的守望者从未因其英勇果敢获得称赞和荣耀……但他可以避免灾难性的错误决断，没有插着旌旗奔向死亡，且能活得更久"。换句话说，有时候也许站在原地不动就是最好的前进。或者，当气候情况适宜、既定目标唾手可得，且敌人离得足够远时，才行动。按哲学家吉奥乔·阿甘本（Giorgio Agamben）的话也可以说：蜗牛是"全能的"，一切都能做。它们坚定地一直坐着，让一切都变得可能。在进化方面取得的成功，也证明它们的做法是对的。

留下一道痕迹。 当它们最终移动了，便在身后留下黏液的痕迹，这不是我们人类也向往的吗？这不正是我们为什么写书、画画、谱曲、在社交平台发状态信息的原因吗？为了像腹足动物一样留下痕迹，留下一个我们曾存活于世的标志。我们竭尽全力用鲜血、汗水和墨水谱写的东西，蜗牛在爬行的过程中就顺带完成了。每动一下，它们就在自己生活的历史上写下一笔，它们到处留下难以理解的信息、难以捉摸的文字。凡留下黏液的，都会留下印记。谁知道呢，或许通过这种方式蜗牛获得了永生。

至少可以延续，一直到下一场雨来临，抹去它们的痕迹。

多样性是生存策略，还是大自然的神迹？

减速

上山

在1989年8月一个雨凄凄的早晨，我第一次登上了施耐克山。我在国外住了很长一段时间刚回国，特别向往亲密感、安全感，向往"家乡"——一个我总是与清新空气和石灰岩联系在一起的概念。另外，我想在阿尔卑斯的寂静中复习一个考试——但施耐克山的召唤更具吸引力。我和我父亲还有一个同学一起上路了。

奥伊塔尔（Oytal）、凯瑟阿尔卑（Käseralpe）、希梅莱克萨特尔（Himmelecksatel），从登山技术上说，我们登顶的常规路线没什么特别值得一提的，但因为下雨，路上除了我们没有其他人。山顶上被绿草覆盖着的石灰岩山脊湿漉漉的，在阿尔高阿尔卑斯的这个角落里还随处可见大簇的雪绒花，毛茸茸的花瓣接着雨滴，其间还穿梭着阿尔卑斯蝾螈（Alpensalamander）的黑色身影。

还有，当然就是蜗牛。蜗牛爬在施耐克山背上，施耐克山坐落在谷底，谷底坐落于一块漂浮的大陆板块上，这块板块在一个行星上，这个行星以超过十万公里每小时的速度在太空中飞行。

　　哇！太快啦！

肖像

"观察蜗牛这项工作的困难太多了。"软体动物研究者弗里德里希·克里斯蒂安·莱塞(Friedrich Christian Lesser)这样叹息道,"因为在海里有各种各样的蜗牛(不考虑陆生的和河里面的),以至于大自然造出它们比我们给它们取名字要简单得多。"自从莱塞的《贝类神学》(Testaceo-Theologia)出版以来,两个半世纪过去了,但书中的研究结果依然有效 —— 蜗牛,腹足纲,是软体动物门中种类最丰富的。已被人熟知的约有105000种,且不断有新的物种被发现并被确定为独特的物种。由于一个物种经常有几个常用名,而且分类体系也总是变化,所以研究起来不简单。在传统的体系里,分类标准主要看呼吸器官的构造和位置,所以,腹足纲相应地分为前鳃亚纲、后鳃亚纲和肺螺亚纲。期间,曾采用分为扭神经亚纲和直神经亚纲的分类方式。近几年来,大多按照学院发育关系来分类。无论如何分类,蜗牛都有以下共同特征:一般情况下所谓的蜗牛是指,有被黏液覆盖的柔软的身体,有腹足,通常具有分化的头部,内脏器官排列不对称。约90%蜗牛的内脏翻转了180度,位于被壳保护着的内脏囊中。外壳的消失是进化史上较晚的成就。本书呈现的蜗牛肖像,不得不是一种主观选择,仅能让大家知道蜗牛是多种多样的。我们这里把主要注意力放在有文化史意义的种类上，还有比较熟悉的家乡蜗牛，以及几种从生物学角度来讲特别吸引人的种类。

勃艮第蜗牛

学　名：*Helix pomatia*
德文名：Weinbergschnecke
英文名：Burgundy snail
法文名：Escargot de Bourgogne

　　最大的欧洲陆地蜗牛，体长可达 10 厘米，壳直径达 5 厘米。出于造壳的需要，它们一般居住在矿物质丰富的土地上，首选明亮的森林，半阴的灌木丛，当然还有山坡葡萄园[1]。在高温情况下，它们会加深表皮的褶皱，以防止皮下水分蒸发。在持续干旱期间或冬季，它们会用一个钙质的盖（即冬盖）封住壳口。因勃艮第蜗牛个大味美，人们从 1000 年前就开始养殖和食用它们。安徒生的童话《幸福的家庭》里的勃艮第蜗牛把这个事实内化了，以至于"被吃掉"成了它们最渴望的目标，"此外，被烹饪之后盛在银盘子里，究竟是怎样一种感受，它们无法想象。但觉得那一定很美，并且看起来非常有排场！"实际上，蜗牛们也许更多地思考关于自己的食物——它们一半的神经活动都用于触摸和嗅探，以判断东西是否能吃。为了保证这个物种的存在，德国南部地区从 20 世纪 70 年代开始用法律（《巴登 – 符腾堡州关于勃艮第蜗牛的条例》）规范对勃艮第蜗牛的采集。目前，按照联邦物种保护条例，这个物种被列为受特殊保护的软体动物。

1　山坡葡萄园即山坡上的葡萄种植园，德语中勃艮第蜗牛被称为山坡葡萄园蜗牛。——译者注

1 : 1

染料骨螺

学　名：*Bolinus brandaris*
德文名：Herkuleskeule
英文名：Purple dye-murex
法文名：Murex épineux

　　一种栖息在地中海里的海螺。为了防御敌人和捕获猎物，它会释放一种分泌物，这分泌物接触酸性物质就会变成明亮的蓝紫色，自古有被用作染料的传统。因此，染料骨螺和环带骨螺一起在早期被称作"紫红染料螺"。据老普林尼所记述，当时，人们用活的贝类引它们上钩，"染料骨螺用伸出的舌头寻找和抓住这些贝类，贝类受到刺激之后会马上将壳闭合，染料骨螺就被夹住。就这样，猎食者因为贪婪被擒获了"。随后，人们将其分泌染色物的腺体剥离下来，放入盐水中，用蒸汽加热，其间不断撇去固态杂质，直到10天以后得到清澈的染色液。要制出1克贝紫，须近1万只螺献出生命。因为制作过程又耗时又贵，所以用这种染料染色的织物被看作权力和财富的象征——埃及艳后让人把她的船帆用这种染料染色；为了嘲笑耶稣自称是"犹太人的王"，罗马士兵给他披上了一件紫色长袍。时至今日，用天然材料制成的紫色染料依然是最贵的，1克大约2000欧元，相比之下，可卡因都算是便宜货。

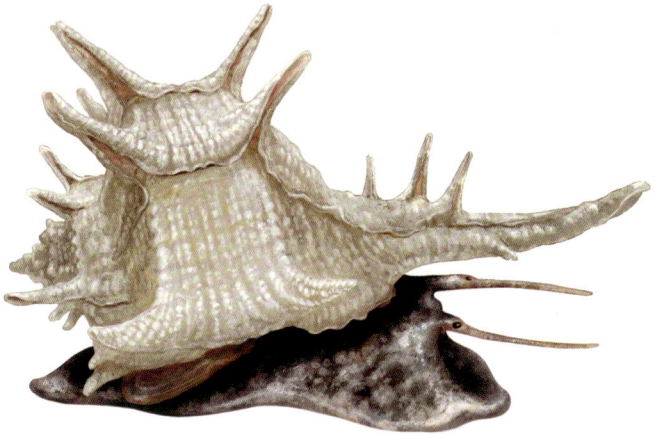

1 : 1

西班牙蛞蝓

学　名：*Arion vulgaris / lusitanicus*
德文名：Spanische Wegschnecke
英文名：Spanish slug
法文名：Limace Espagnole

　　所有园丁的噩梦。从名字来看[1]，这种蜗牛应该来自伊比利亚半岛。实际上，法兰克福大学的研究者们 2010 年在西班牙进行了种群调查，根本没发现任何个体，也许"西班牙"蜗牛的家乡就在中欧。可以确定的是，它们是现今德国最常见的蛞蝓种类。它们有苦味的黏液，帮助它们免遭刺猬、两栖动物和鸟类的捕食。它们抗热、抗干燥的能力比其他蛞蝓要强。自 20 世纪 70 年代开始，它们在很大程度上取代了德国本土的主要害虫红蛞蝓（*Arion rufus*）。尽管，蛞蝓已经多到了不需要人们帮它立纪念碑的地步，作家格奥尔格·克莱因（Georg Klein）还是给了它们文学上的永恒——在《园丁的诡计》（*Die Tücke des Gärtners*）一书中，他首先描写了首选的对付蛞蝓的方法（用园丁剪将其身体剪断）；然后是关于这种动物特性的相关知识；最后是蛞蝓杀手可能给他带来的可怕结果——"如此爱吃薄薄的玫瑰花瓣的腹足纲动物，也十分喜欢食用腐烂的东西。无疑，因为我已经杀死的和将要杀死的蜗牛们，终有一日，在我死后，它们会用它们自己的方式——用切东西的齿舌，津津有味地、不紧不慢地吃掉我的躯壳。"

1　蛞蝓的德文名字是"西班牙蜗牛"。——译者注

1 : 1

黄宝螺（货贝）

学　名：*Cypraea moneta*
德文名：Kaurischnecke
英文名：Money cowry
法文名：Cauri

　　但凡是沿着沙滩捡过一次贝壳的人，就会知道那种想要捡到更多漂亮贝壳的冲动，仿佛捡到的不是软体动物的壳，而是一只无形的手撒在沙滩上的钱。生活在太平洋、印度洋海域的黄宝螺，其瓷质、厚壁的壳，自公元前 1500 年就在中国被当作货币。它们漂亮、稳定、防伪、易支付，至少在量不大的情况下容易携带。11 世纪，阿拉伯商人将黄宝螺带到了非洲，随着奴隶贸易的扩张、欧洲至印度航线的开发，欧洲殖民者也进入了黄宝螺交易圈。1690 年，在几内亚，一个奴隶价值 8000 个黄宝螺。200 年后，当亨利·莫顿·史丹利（Henry Morton Stanley）穿越非洲时，他每天付给他的挑夫 6 个黄宝螺。没有其他任何一种货币像黄宝螺一样推广到如此多的文化圈，并被使用这么长时间。在德国殖民地，黄宝螺在 20 世纪初还在流通；在尼日利亚直到 80 年代，小额交易仍在使用黄宝螺。至今，黄宝螺仍以象征形式出现在各类货币中，加纳货币的名字塞地（Cedi）来自阿卡族语言中黄宝螺一词，在马尔代夫纸币拉菲亚的左下角则画着黄宝螺的图案。

2 ∶ 1

左旋烟管蜗牛

学　名：*Balea perversa*
德文名：Zahnlose Schließmundschnecke
英文名：Tree snail / Wall snail
法文名：Clausilie rugueuse

　　居于中欧和西欧的陆生蜗牛，在德国已经濒临灭绝。有非常高的尖尖的壳，螺层达 9 层。另外有一个多为永久性的钙质盖，由一个活动柄与壳的中轴相连，遇到危险时会用这个盖将壳口封住，由此得到了它的德文名字（无牙闭口蜗牛）。烟管蜗牛是卵胎生动物，即小蜗牛在母体内孵出或在卵生出生后不久孵出。另外，它们即便在有交配对象的情况下，也更愿意进行无性繁殖。但它们的拉丁文别名 perversa[1] 并不取自它自体受精的特点，而是它们罕见的左旋螺壳。康德（Kant）曾经说："几乎所有的蜗牛壳都是从左向右旋转的，大概只有 3 种例外。"实际上绝大多数蜗牛壳都是右旋的，它们的螺壳走向从上方看和钟表一样。若哪只勃艮第蜗牛由于遗传缺陷偏离了主流的螺旋方向，人们会称它为"蜗牛王"——特殊的标记被看作是魅力，瑕疵成了它独有的特点。不过，反过来看烟管蜗牛，整个物种都是反向螺旋，却被人们嘲笑为"反常的"。

1　变态的、反常的。——译者注

9 : 1

地中海扇羽海蛞蝓

学　名：*Flabellina affinis*
德文名：Violette Fadenschnecke
英文名：Pink flabellina
法文名：Flabelline mauve

　　生活在海里的无壳蜗牛。居住在整个地中海和东大西洋南部，体长可达 5 厘米，头上有两对触角，用来感知水中的味道、接收信息素和判断水流方向。它们背部线状的对称排列的突起会让人想起海葵。尽管有优美的颜色和长毛地毯一样的外形，这都不能掩饰地中海扇羽海蛞蝓本身是带有剧毒的强盗——它们喜欢生活在刺细胞动物（Nesseltier）群里，常咬下水蛭形珊瑚的头。很特别的是，这些头里所包含的用于珊瑚虫自卫的有毒刺细胞并不能对地中海扇羽海蛞蝓造成伤害。也许，地中海扇羽海蛞蝓在吃的过程中会释放一种黏液，它能使自己不被判定成异类，从而防止刺丝囊释放毒素。吃完之后，这个刺丝囊在经过肠之后仍不被消化，会被存放在背部，分布在背部的突触里——地中海扇羽海蛞蝓用自己猎物的毒来抵御捕食者。以简单生动的方式演绎了那句哲学名言——"凡不能毁灭我的，必将使我强大"。地中海扇羽海蛞蝓是软体动物里的尼采。

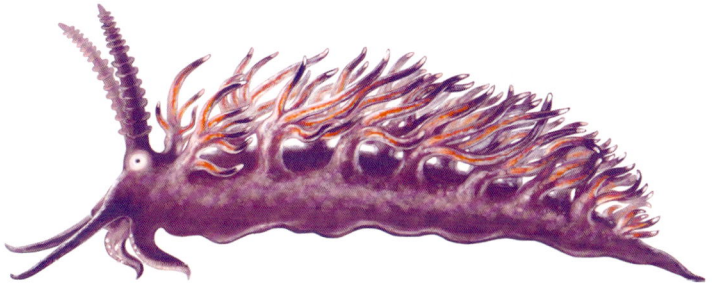

2 : 1

大法螺

学　名：*Charonia tritonis*
德文名：Tritonshorn
英文名：Triton's trumpet
法文名：Triton géant

　　大型海螺，主要生活在印度洋—太平洋、日本南部以及澳大拉西亚（Australasien）¹海域的珊瑚礁上，以捕食其他软体动物和海胆为生。它们壳的末端呈非常尖的螺旋状，最长可达 40 厘米，若将其顶端去掉，此壳可作吹奏乐器。螺号在古代就广为人知，对爵士乐家斯蒂夫·图瑞（Steve Turre）来说，螺号就是"长号的起源"。在印度教和藏传佛教的礼乐中，至今仍在使用螺号。它的名字取自海王波塞冬的儿子特里同（Triton），他使用这样一个螺号来驾驭神力，"肩膀上被长出的贝壳覆盖"的波塞冬在施展法力时是这样做的，"他呼唤出淡蓝色的特里同，用力吹螺号，通过嘹亮的响声催动风浪"。另外，腹足纲动物还与音乐有特别的联系——小提琴、中提琴和大提琴的琴头上一般都有一个螺旋状的装饰，被称为"蜗牛"。而且，若没有与蜗牛同名的藏着听觉接收器的内耳区域——耳蜗，我们就什么也听不见了。而悲剧又讽刺的是，蜗牛本身既听不到特里同的号角也听不到其他的声音。它们是聋子。

1　指澳大利亚、新西兰和邻近的太平洋岛屿。——编者注

1 : 4

非洲大蜗牛

学　名：*Achatina fulica*
德文名：Große Achatschnecke
英文名：Giant African land snail
法文名：Escargot géant africain

　　名字就是说明——非洲大蜗牛的壳能超过 20 厘米长，成年之后体重可达 1 磅，因此也被称为非洲大蜗牛。因其可观的肉产量，这种源自东非和马达加斯加的大蜗牛很早就被人们当作食物。1803 年留尼汪（La Réunion）的总督为了让他的女友喝上蜗牛汤，进口了几只非洲大蜗牛。在此期间，这种大蜗牛在整个太平洋地区、亚洲大部分地区及南、北美洲定居下来。一部分是人们有意饲养的，一部分则是随军队转移和商旅迁徙而散布到各地的。非洲大蜗牛能够将交配对象的精液保存在身体里长达两年之久，因此它们可以凭一己之力建立一个种群。它们只吃素，但口味却非常丰富。幼年的非洲大蜗牛喜欢吃香蕉、菜豆、万寿菊，成年的非洲大蜗牛喜欢吃的东西除了上面那些，还有茄子、花菜、南瓜藤、木瓜、秋葵、豌豆和黄瓜。依据全球入侵物种数据库（Global Invasive Species Database）的数据，非洲大蜗牛位列全球 100 种最具破坏力的入侵物种。人们曾尝试用生物天敌的方法抵制非洲大蜗牛的泛滥，结果却造成了玫瑰蜗牛（*Euglandina rosea*）的泛滥。

1 : 3

玫瑰蜗牛

学　名：*Euglandina rosea*
德文名：Rosige Wolfsschnecke
英文名：Rosy wolfsnail / Cannibal snail
法文名：Escargot carnivore de Floride

　　是橡子螺属的一种陆生掠食性蜗牛，以捕猎其他体形稍小的带壳蜗牛为生。最初产自北美的热带地区，在人类的帮助下很快蔓延到了整个太平洋地区——1977 年，人们为抵御非洲大蜗牛，将玫瑰蜗牛放到了非洲大蜗牛生活的地方，却对当地的生态系统造成了灾难性的后果。玫瑰蜗牛并没有去吃为它们准备的非洲大蜗牛，反而将大量其他的稀有蜗牛种类吃到灭绝，比如在茉莉亚（Moorea）岛上以形态多样著称、常被演化生物学家当作研究对象的波利尼西亚树蜗牛（Baumschnecke）。人们将 4 只树蜗牛和 1 只玫瑰蜗牛放在一起，24 小时后，那 4 只树蜗牛就什么也不剩了。"在我个人憎恶与畏惧的动物万神殿里，来自弗罗里达的'杀手'玫瑰蜗牛排位最高。"美国演化生物学家史蒂芬·杰伊·古尔德（Stephen Jay Gould）这样抱怨道。尽管如此，玫瑰蜗牛仍被引入塔希提岛、塞舌尔、毛里求斯、夏威夷和巴哈马群岛等地，现在正威胁着当地的动物。

1 : 1.5

西印度石鳖

学　名：*Acanthopleura granulata*
德文名：Struppiger Chiton
英文名：West Indian fuzzy chiton
法文名：Chiton crépu

甲壳蜗牛，体长可达 7 厘米。它的壳由 8 块重叠搭接的部分组成，可以灵活移动，通过一条带状肌肉连接在一起。这让石鳖外貌看起来很像蜈蚣和甲壳虫。它的德文名字取自其环带上的粗棘刺。石鳖生活在南佛罗里达和安的列斯群岛的潮间带，由于它像石头一样且几经腐蚀的甲壳，人们很难将其同海底岩石区分开。西印度石鳖镶嵌在背甲上的眼睛是生物界独一无二的：这些眼睛由结晶的碳酸钙形成的石质晶状体以及被它们覆盖的感光细胞组成。在确保安全的情况下，西印度石鳖会从海底岩石上将环带抬起，以能更好地呼吸和捕食猎物，一旦发现潜在的猎食者，它就会瞬间把壳压在岩石上。如苏塞克斯（Sussex）大学的研究者所言，石鳖的石头眼睛甚至能根据敌人是在水中还是在水面上而进行不同的调焦。另外一个特点是：石鳖从 5 亿年前就开始生活在地球上，却大概从 2500 万年前才进化出眼睛，据猜测是为了适应后来进化出的猎食者而长的。可见，好事多磨。

1.5：1

丛林葱蜗牛

学　名：*Cepaea nemoralis*
德文名：Schwarzmündige Bänderschnecke
英文名：Brown-lipped banded snail
法文名：Escargot des bois

最常见的本地带壳蜗牛，同时还是最漂亮的蜗牛之一。壳口和脐通常是深灰色，壳的其余部分装饰了大量的颜色和条纹，有些壳是柠檬黄、有些是玫瑰色，有些壳是单色的，还有一些则可能被多达 5 条螺旋的条纹覆盖。再没有另外一个种类如此强烈地激起人们对于"生物多样性与美的功能"的疑问：这种颜色的多样性对进化有意义吗？还是如生物学家伯恩哈特·克格尔（Bernhard Kegel）所说的"这只是大自然的即兴创作"呢？换言之，这些华丽的外壳到底是生存所需还是艺术呢？许多现象说明多变的形式帮助了这个物种的长期存在——黄色的生活在草地上，彩色条纹的生活在开满花的灌木丛，棕色的生活在秋季干枯的落叶里。然而，有些种类的蜗牛也有特别漂亮的外壳，尽管猎食者根本看不见它们，比如一些生活在深海里的螺，基本没有光线照到它们；或者像黄宝螺，壳被柔软的身体覆盖着。也许进化与生存并不是漂亮外壳的全部成因，也许康德的猜测是正确的——"我们眼前看到的……多种多样的颜色与和谐的搭配……似乎都是以观赏为目的"。

2 ： 1

参考文献

Giorgio Agambent » Idee
der Kindheit«. In: *Idee der
Prosa*,Frankfurt am Main 2003.

Hans Christian Andersen: »Die
glückliche Familie« und »Die
Schnecke und der Rosenslock«.
In: *Märchen*,Weinheim 2012.

Daniel Arasse: »Le regard de
l'escargot«. In: *On n'y voit rien.
Descriptions*, Paris 2003.

Aristoteles: *Historia
Animalium*.Cambridge, MA
und London 1993.

Aurelius Augustinus: *Vom
Gottesstaat*. München 1978.

Gaston Bachelard: *Poetik des
Raumes.* Frankfurt am Main 1987.

Elisabeth Tova Bailey: *Das
Geräusch einer Schnecke beim
Essen.* Zürich 2012.

Eva Barlösius: *Soziologie des
Essens. Eine sozial- und kultur-
wissenschaftliche Einführung
in die Ernährungsforschung.*
Weinheim und München 1999.

Die Bibel. Nach der Übersetzung
Martin Lüthers, Stuttgart 1999.

Pierre Bourdieu: *Die feinen
Unterschiede. Kritik der
gesellschaftlichen Urteilskraft.*
Frankfurt am Main 1984.

Stanley Peter Dance: *Muscheln
und Schneeken.* Ravensburg 1994.

Sigrid und Lothar Dittrich:
*Lexikon der Tiersymbole. Tiere
als Sinnbilder in der Malerei des
14.-17. Jahrhunderts.* Petersberg
2004.

Holm Friede: *Die Stein-
Stralegie. Von der Kunst, nicht
zu handeln.* München 2013.

Wilhelm Gerloff: *Die
Entstehung des Geldes und
die Anfänge des Gelduessens.*
Frankfurt am Main 1940.

Günter Grass: *Aus dem Tagebuch
einer Schnecke.* Göttingen 1993.

Marvin Harris: *Wohlgeschmack
und Widerwillen. Die Rätsel der
Mahrungstabus.* Stuttgart 1991.

Patricia Highsmith:»
Der Schneckenforscher« und
»Auf der Suche nach Soundso
Claveringi«. In: *Der Schnecken-*
forscher. Stories, Zürich 2003.

Swetlana Hildebrandt:
»Vergeschlechtlichte Tiere«.
In: *Human-Animal Studies.*
Über die gesellschaftliche Natur
von Mensch-Tier-Verhältnissen.
Herausgegeben vom Arbeitskreis
Chimaira, Bielefeld 2011.

Gunther Hirschfelder:
Europaische Esskultur. Eine
Geschichte der Ernährung
von der Steinzeit bi s heute.
Frankfurt und New York 2001.

Immanuel Kant: *Kritik der*
Urteilskraft. Frankfurt am Main
1995.

Ders.: » Von dem ersten
Grunde des Unterschiedes
der Gegenden im Raume«. In:
Kant's gesammelte Schriften,29
Bände. Band II,Berlin 1905.

Bernhard Kegel: *Die Ameise*
als Tramp. Vò n biologischen
Invasionen. Zürich 1999.

Michael P. Kerney, R. A.
D.Cameron und J. H.
Jungbluth:*Die Landschnecken*
Nordund Mitteleuropas.
Hamburg und Berlin 1983.

Rudolf Kilias: *Lexikon Marine*
Muscheln und Schnecken.
Stuttgart 1997.

Ders.: *Weinbergschnecken.Ein*
Überblick über ihre Biologie
und wirtschaftliche Bedeutung.
Berlin 1960.

Georg Klein: »Die Tücke des
Gärtners. Über das Töten
niederer Tiere«. In: *Schund&*
Segen.Siebenundsiebzig
abverlangte Texte. Reinbek bei
Hamburg 2013.

Martin Kunzler: *Jazz-Lexikon.*
Reinbek bei Hamburg 2002.

Friedrich Christian Lesser:*Testaceo-Theologia, Oder:Gruendlicher Beweis des Daseyns und der vollkommnesten Eigenschaften eines goettlichen Wesens, Aus naturerlicher und geistlicher Betrachtung Der Schnecken und Muscheln.*Leipzig 1744.

Hermann Löns:» Ein ekliges Tier«. In:*Sämtliche Werke in acht Bänden,*6. Band, Leipzig 1924.

Niklas Maak: *Der Architekt am Strand. Le Corbusier und das Geheimnis der Seeschnecke.* München 2010.

Winfried Menninghaus:*Ekel. Theorie und Geschichte einer starken Empfindung.*Frankfurt am Main 1999.

John E. Morton und Charles M. Yonge: » Classification and Structure of Mollusca«. In:*Physiology of Mollusca.* Herausgegeben von Karl M. Wilbur und C. M. Yonge, New York und London 1964.

*The Mythology of All Races,*13 Bände. Herausgegeben von Louis Herbert Gray u. a.,New York 1964.

Lorenz Oken: *Lehrbuch der Naturphilosophie.* Zürich 1843,Nachdruck Hildesheim,Zürich und New York 1991.

Ovid: *Metamorphosen.* Übertragen von Johann Heinrich Voß,Frankfurt am Main 1990.

C. Plinius Secundus d.Ä.: *Naturkunde,*38 Bücher. Buch IX:Zoologie. Wassertier e und Buch XXIX: Medizin und Pharmakologie. Heilmittel aus dem Tierreich. Herausgegeben und übersetzt von Roderich König in Zusammenarbeit mit Gerhard Winkler, München1973-2004.
Marietta Rohner:» Purpur. Kaiserlicher Farbstoff aus Schneckensekret«. In: *Farbpigmente, Farbstoffe, Farbgeschichten.Herausgegeben*

von Claudia Cattaneo u. a.,
Winterthur 2011.

Hartmut Rosa: *Beschleunigung
und Entfremdung. Entwurf
einer Kritischen Theorie
spätmoderner Zeitlichkeit.*
Berlin 2013.

Johannes Schneider: *Die
Weinbergschnecke, ihre Mast
und Verwertung.* Leipzig 1932.

Laurent Stalder:»Präliminarien
zu einer Theorie der Schwelle«.
In:*ARCH+ Zeitschrift für
Architektur und Städtebau,*
März 2009.

Hermann Streich: *Die
Schneckenzucht.* Heilbronn
1903.

Paul Valéry:» Der Mensch
und die Muschel«. In: *Werke
in sieben Bänden*, Band 4: Zur
Philosophie und Wissenschaft.
Herausgegeben von Jürgen
Schmidt-Radefeld,Frankfurt am
Main 1989-95.

Peter Williams: Snai*l*. London
2009.

Nicolas Witkowski: *Voltaire
und die kopflosen Schnecken.
Geschichten aus der
Wissenschaft*.München und
Zürich 2005.

鸣 谢

Rita Goller 和 Walter Goller、Jeannick Bonis 和 Didier Bonis、Christian Hosmann、Neil Riseborough 与我友善地交谈，感谢他们给我专业的建议，感谢他们提供的关于参考资料的信息。感谢 Svenja Flaßpöhler 和 Tobias Goldfarb、Friedemann Holder、Erik Wegerhoff 的校对。感谢 Ada 帮忙收集蜗牛。感谢 Nereide 在旅途中的陪伴。感谢蜗牛安娜贝尔、黑格尔、皮普希、乌多，还有渡渡鸟给予我的灵感。

图片索引

第 44，45 页
Land-und Meeresschnecken. Les mollusques, Paris 1868.

第 50 页
Low pressure system over Iceland. Foto: NASA 2003.

第 53 页
Cochlitoma Zebra. Proceedings of the Zoological Society of London, London 1921.

第 57 页
Strombe. Iconographie conchyliologique, Marseille 1828.

第 61 页
Die Verkündigung. Francesco del Cossa, 1470–72.

第 64 页
Vanitas-Stillleben. Harmen Steenwijck, ca. 1640.

第 66 页
Kaurischnecken. Brehms Tierleben, Band 10, Leipzig und Wien 1893.

第 69 页
Helix pomatia. George Shaw: The naturalists miscellany, London 1789.

第 72，73 页
Tafel III, XXI. Die Land-und Süsswasser-Mollusken von Java, Zürich 1849.

第 76 页
Neptun und Amphitrite. Jacob de Gheyn II.

第 80 页
Nautilus. Vergnügen der Augen und des Gemüths, Nuremberg 1757.

第 84 页
Steve Turré in Paris. Lioneldecoster, 1976.

第 86 页
Modulor. Le Corbusier , 1942–1955. © FLC / VG Bild-Kunst, Bonn 2015.

第 91，92 页
Stachelschnecken,
Bischofsmützen. Lovell Reeve :
Conchologia systematica, Vol.
II, London und New York 1841.

第 95 页
Helix. Études sur les mollusques
terrestres et fuviatales du
Mexique et du Guatemala, Paris
1870–1902.

第 98 页
Bulimus. Novitates
conchologicae, Cassel 1854–79.

第 102 页
Stillleben mit Blumen, Muscheln
und Insekten.
Balthasar van der Ast, ca. 1635.

第 104 页
Fossile Schnecken.
Description des mollusques
fossiles qui se trouvent dans
les grès verts des environs de
Genève, Genève, 1847–53.

第 110 页
Monster snail attacking knight.
Smithffeld Decretals.

第 114 页
Tafel XXII. Proceedings of the
Zoological Society of London,
Vol. 5, London 1848–60.

第 121—141 页
Illustrationen von Falk
Nordmann, Berlin 2015.

作者简介：

　　弗洛里安·维尔纳（Florian Werner），
1971 年生，文学博士，研究领域为浪漫主义
文学，进行叙事性纪实小说和散文写作，并
在广播电台工作。他的《奶牛的生平》（*Die
Kuh. Leben, Werk und Wirkung*）（2009）一书被
《科学画报》（*Bild der Wissenschaft*）杂志评选
为年度科普书。

译者简介：

　　薛婧，东北大学秦皇岛分校任德语教师，
毕业于北京第二外国语学院。

图书在版编目（CIP）数据

蜗牛 /（德）弗洛里安·维尔纳著；薛婧译 . -- 北
京：北京出版社，2025.7
ISBN 978-7-200-13615-9

Ⅰ . ①蜗… Ⅱ . ①弗…②薛… Ⅲ . ①蜗牛 – 普及读
物 Ⅳ . ① Q959.212-49

中国版本图书馆 CIP 数据核字（2017）第 310939 号

策 划 人：王忠波　　　　　　学术审读：刘　阳
责任编辑：王忠波　邓雪梅　　责任营销：猫　娘
责任印制：燕雨萌　　　　　　装帧设计：吉　辰

蜗牛
WONIU

[德] 弗洛里安·维尔纳　著　薛婧　译

出　　　版：北京出版集团
　　　　　　北 京 出 版 社
地　　　址：北京北三环中路 6 号（邮编：100120）
总 发 行：北京出版集团
印　　　刷：北京华联印刷有限公司
经　　　销：新华书店
开　　　本：880 毫米 ×1230 毫米　1/32
印　　　张：5.5
字　　　数：88 千字
版　　　次：2025 年 7 月第 1 版
印　　　次：2025 年 7 月第 1 次印刷
书　　　号：ISBN 978-7-200-13615-9
定　　　价：68.00 元

如有印装质量问题，由本社负责调换　质量监督电话：010-58572393

著作权合同登记号: 01-2017-7314

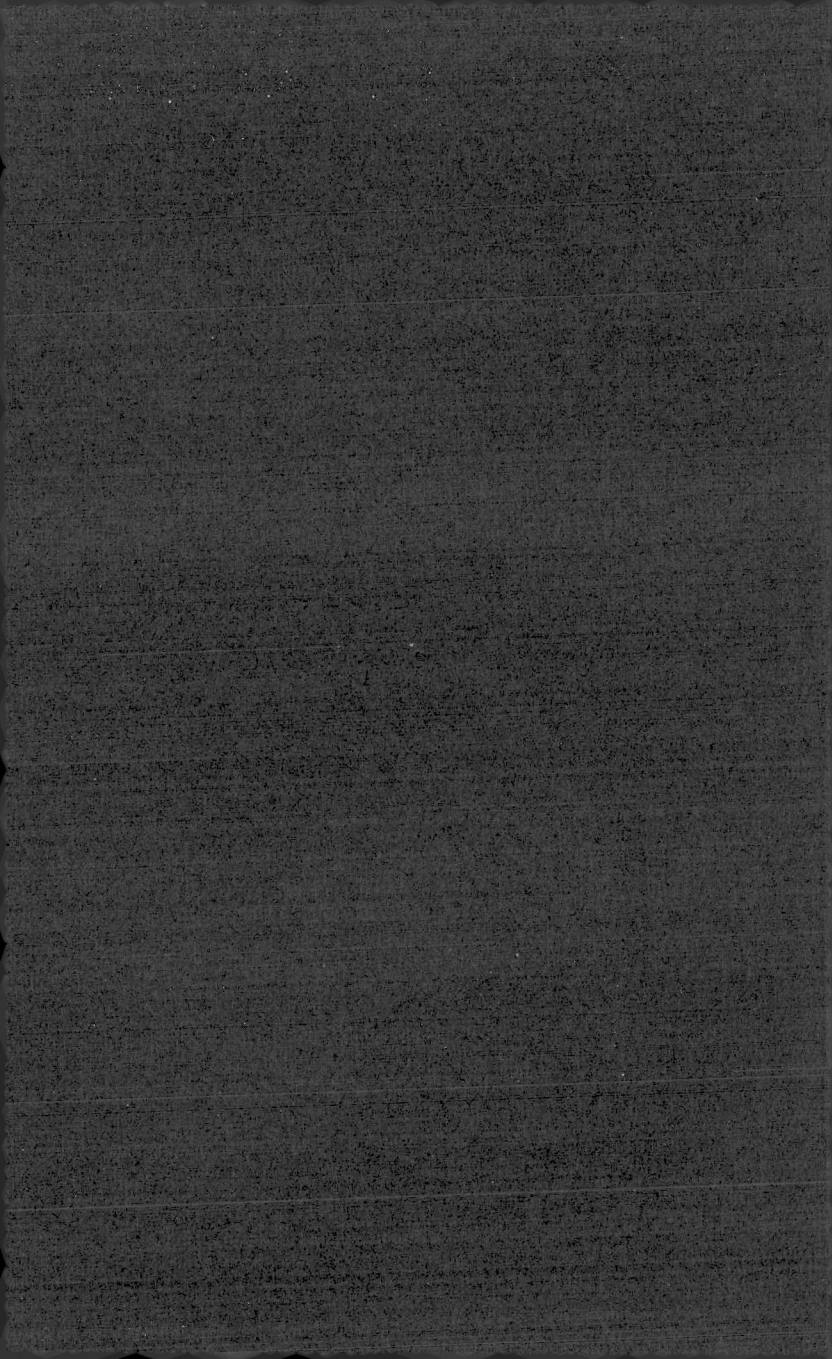